黄土丘陵区生态修复的
生态-经济-社会协调发展评价

党晶晶 著

本书由西安工业大学专著基金资助出版

科 学 出 版 社
北 京

内 容 简 介

人类赖以生存的社会是一个复杂的生态-经济-社会（EES）复合系统。生态是人类发展的环境基础，经济和社会是人类发展的牵引动力和组织力量。评价生态-经济-社会协调发展是实现区域持续协调发展的关键问题。本书在解读可持续发展理论、协调发展理论以及系统理论的同时，对黄土丘陵区在生态修复过程中生态-经济-社会协调发展进行全面分析和评价。本书的最大特点是从静态、动态、时序和空间格局等全方位对区域协调发展相关问题作了系统深入剖析研究，为区域实现 EES 系统协调发展提供科学的理论依据和实践指导。

本书可供经济学、生态学和农业工程等领域的技术人员、大专院校师生和黄土丘陵区管理部门相关人员参考。

图书在版编目(CIP)数据

黄土丘陵区生态修复的生态-经济-社会协调发展评价/党晶晶著．—北京：科学出版社，2015.12

ISBN 978-7-03-046943-4

Ⅰ.①黄… Ⅱ.①党… Ⅲ.①黄土高原-丘陵地-生态恢复-研究 Ⅳ.①X171.4

中国版本图书馆 CIP 数据核字(2015)第 312374 号

责任编辑：杨向萍 祝 洁 杨 丹/责任校对：张怡君
责任印制：徐晓晨/封面设计：迷底书装

科学出版社 出版
北京东黄城根北街 16 号
邮政编码：100717
http://www.sciencep.com

北京中石油彩色印刷有限责任公司印刷
科学出版社发行 各地新华书店经销

*

2016 年 1 月第 一 版 开本：720×1000 B5
2016 年 1 月第一次印刷 印张：8 1/2
字数：170 000

定价：65.00 元

（如有印装质量问题，我社负责调换）

前　言

黄土丘陵区是一个复杂的生态-经济-社会系统的结合体，生态平衡为人类提供生存环境，经济发展为人类社会提供动力支持，社会进步为人类发展的组织力量和目标。生态-经济-社会复合系统的协调发展作为区域持续协调发展的关键，对其进行探索不仅为剖析其动态演化过程及内在机理，寻求协调发展提供途径，而且对平衡生态环境、保持经济发展及推动社会进步有着积极的作用。然而，在我国城市化、工业化、现代化等经济社会发展进程中，出现了一系列生态、经济及社会问题，尤其在生态相对脆弱的黄土丘陵区，如何将生态建设同经济、社会发展有机结合，通过生态修复实现区域生态-经济-社会协调发展就显得更为重要。

本书以生态-经济-社会协调发展评价为研究内容，运用可持续发展理论、协调发展理论以及系统理论，借助统计数据和调研数据，依据 DPSIR（driving force，驱动力；pressure，压力；state，状态；impact，影响；response，响应）概念框架，采用统计描述性方法、模糊隶属度协调发展模型、变异系数协调发展模型、灰色系统预测模型及主成分分析法，构建了 EES 系统 DPSIR 协调发展评价指标体系及以评价生态修复过程中生态-经济-社会静态、动态、时序、空间格局为核心内容的协调发展分析框架，并运用主成分分析法提取了影响协调发展的主控因子，进而为区域实现 EES 系统协调发展提供科学的理论依据和有效可行的对策建议。本书最大的特点是从生态修复视角切入，将生态修复中的核心——退耕还林工程作为外生变量，分析其对研究区的生态-经济-社会系统协调发展的影响，并将经济系统和社会系统作为研究客体的重点，拓展以前仅以生态-经济为核心的研究范畴。同时在实证分析中将自然科学的试验数据和 GIS 技术与社会科学的模型相结合，发挥了生态学、环境经济学、区域经济学、社会学等多个交叉学科的优势。

本书是以作者的博士论文及所主持的中国科学院、教育部水土保持与生态环境研究中心项目“陕北黄土丘陵区典型县退耕还林还草生态经济协调性分析”课题报告为基础，扩充完善而成。在本书即将出版之际，感谢导师姚顺波教授对本书的指点；感谢刘国彬研究员、霍学喜教授、赵敏娟教授、郑少锋教授、陆迁教授、王兵副研究员对本书所提的宝贵意见；最后，真心感谢作者家人的关爱、包容和全力支持。

由于作者水平有限，书中难免有疏漏和不妥之处，敬请广大读者批评指正。

目　　录

第1章　绪　　论

1.1　生态-经济-社会协调发展的背景介绍

人类赖以生存的社会是一个复杂的生态-经济-社会（ecology economy society,EES）复合系统。生态是人类发展的环境基础，经济和社会是人类发展的牵引动力和组织力量。生态平衡、经济发展与社会进步是一个有机统一的系统，保持生态平衡是人类生存生活的前提条件，促进经济增长是推动社会全面进步的必要条件，社会的全面进步是确保生态良性循环和经济稳健持续发展的内在动力。随着中国经济社会的飞速发展，尽管生态建设与保护有长足的进展，但是在城市化、工业化、现代化进程中，由于自然因素和人为的不合理生产经营活动等原因，给当今世界带来了一系列生态、经济和社会问题，如人口、资源、环境矛盾日益突出，生态平衡遭到严重的破坏，自然灾害频繁发生，同时能源短缺、食物匮乏、生物多样性丧失和贫困等，给经济和社会发展造成巨大影响。这些影响不但严重制约着世界经济的快速发展，而且也致使人类社会的协调发展面临严峻的挑战。面对严峻的生态与社会经济发展问题，合理协调EES系统良性持续发展已是摆在人类面前的一个极其重要的课题。很多学者已经认识到单一研究生态环境问题是不够的，必须在加强生态建设的同时，探寻EES系统可持续协调发展的路径，并为相关研究开拓新思路。

陕北黄土丘陵区是黄土高原的重要组成部分，也是我国生态系统较为脆弱的地区之一。长期以来，人口增长、盲目开垦、乱砍滥伐及其他不合理的人类活动的影响，使当地原本脆弱的生态系统受到更为严重的损害，如水土流失加剧、水资源短缺、草场退化、土地沙漠化，干旱、风沙等自然灾害频发。生态环境的恶化，导致各类农业生态问题日益增多，并且该区域实施的退耕还林（草）政策也面临着能否持续的严峻挑战，其实质是生态保护与农民生存之间的博弈，这些问题对陕北黄土丘陵区生态安全和社会经济的可持续发展构成了极大的威胁。进一步探究其原因，可以归纳为以下两方面：一是没有把生态建设与农村经济、社会发展紧密结合起来或结合不够；二是缺乏对黄土丘陵区以生态修复为契机，深入研究生态-经济-社会三者间综合协调发展的相互关系。正是在这种背景下，研究解决这类问题就更为迫切。

因此，面对严峻的生态与社会经济发展问题，本书探讨了在黄土丘陵区生态修复过程中EES系统之间纵横交错的相互关系及各子系统发展的相互影响机理，建立了与生态结构和资源禀赋相适应的区域产业结构，为处理好生态-经济-社会系统的协调关系，形成生态修复与区域经济及社会发展间的有机结合方式和长效机制，解决生态保护与经济社会的矛盾，探讨其和谐共生等一系列交叉学科问题，开拓了新的思路和发展途径，对实现黄土丘陵区乃至全国的 EES 系统可持续协调发展具有重要的战略意义。

1.2 生态-经济-社会协调发展评价的价值

1.2.1 评价的目的

EES 系统协调发展评价是在特定的区域空间范围和时段内进行的。本书根据评价的目的，选取具有针对性的评价指标和方法，定性及定量的对 EES 系统的协调发展程度进行分析和判别，从而反映 EES 系统相互的作用关系。评价目的是了解掌握 EES 系统协调状况及变化规律，构建 EES 系统协调发展的评价指标体系及方法，评价黄土丘陵区 EES 系统发展水平及趋势，探讨 EES 系统协调发展限制因子及内在机理，为 EES 系统协调持续发展提供理论依据。

协调发展评价虽已有较多的研究结论，但评价指标体系的建立主要是依据系统或工程等理论及方法集中在生态、资源与经济等系统领域，并且指标体系之间因果关系不明显，缺乏对社会系统的重点研究，在评价系统间相互协调关系时，大多是两两系统间分析，对于三者间综合关系的分析较少。

鉴于此，本书拟基于 DPSIR 概念框架模型，构建具有因果关系的 EES 系统协调发展评价指标体系，结合综合指数模型，并借助模糊隶属度协调发展模型和变异系数协调发展模型测评 EES 系统协调发展程度。构建的 EES 系统 DPSIR 指标体系，通过指标间因果逻辑链的关系，可以明确剖析研究问题的驱动根源，验证针对问题所提出的对策措施是否合理；将社会系统纳入分析重点，指出经济和社会子系统在协调发展中处于主导核心位置，生态子系统处于基础地位，为协调发展研究拓展了新的视角；从时序和空间两个维度对 EES 系统进行动态分析和评价，使同类问题的研究更为全面客观。同时本书还希望达到以下目的：为该区域的深入发展决策提供基本的理论参考，为我国相似类型区域的生态修复及经济社会发展提供借鉴作用。

1.2.2 评价的价值意义

1. 理论意义

生态环境是人类依存的基础，在此基础上，只有经济社会全面发展了，人民生活水平提高了，社会才会进步，良好的生态环境才能得到人们重视。可见，生态-经济-社会三个系统彼此间相互作用，是一个有机统一体。从这个意义上讲，评价生态恢复过程中的EES系统协调发展，对于建立生态与经济社会的良性协调发展机制，实现黄土丘陵区乃至全国的EES系统协调可持续发展具有十分重要的战略意义。

特别是本书将社会系统纳入研究重点，将EES三维复合系统作为研究客体，较以往只研究生态-经济二维复合系统，大大增加了复杂性和多变性，这不仅拓展了相关研究的视角，使协调持续发展更具有广泛性和整体性，同时更有助于正确认识生态-经济-社会系统的内在关系，为国家相关政策的制定提供理论依据。

同时本书在解读可持续发展理论和系统理论的基础上，通过EES系统协调发展评价揭示EES系统间相互作用及变化规律，探究其内在协调发展机理，客观评价协调发展程度等一系列环节，将涉及生态学、经济学、环境学、社会学等众多学科，无形中相互交叉渗透，这对自然和社会学科间的交叉研究起到积极的推动和促进作用，为学科研究探索一种新的理念。

2. 现实意义

当前，我国在社会经济腾飞式发展的同时，对生态修复也越加关注。在此背景下探究生态建设与经济结构调整及社会发展间的相互关系，科学提出三者协调发展的路径，从而客观科学的评价EES系统协调发展，有针对性地提出建议和对策，不仅为黄土丘陵沟壑区的生态修复工作的顺利实施提供指导，为政府部门调整和完善政策性建议和决策提供实证和科学的理论依据，为该区域的进一步发展有重大的现实意义，而且为我国同类型区域或周边区域的经济社会发展与生态建设提供借鉴模式，对协调发展产生根本性的影响，有较强的实践意义。

总之，本书无论在理论意义还是实践意义上，对评价黄土丘陵区EES系统协调发展均具有一定的学术价值。

1.3 中外协调发展相关理论概述

1.3.1 生态修复

1. 关于生态修复的定义

国内外关于生态修复的定义有很多，尚未取得共识，归纳起来主要有两类观点。第一类观点强调生态修复是一种演化进程。美国自然资源委员会、Cairns和Jordan（1995）定义：生态修复是最大限度地将受到破坏的生态系统其结构向扰动前原始状态接近的过程；由国际恢复生态学在1994年、1995年先后对这一内涵不断拓展得出：生态修复是恢复原生生态系统中被人类损害的部分，以实现其多样性为目标，从而维持生态系统的不断整合、更新的恢复及管理演进过程（任海等，1998)；Harper 的观点是生态修复的实质是对群落组装并试验以及生态系统如何运作的过程（燕乃玲等，2007)；Egan 将生态修复定义为通过重建区域原有的植物和动物群落，来维持生态及人类社会文化系统的传统功能的持续性过程（任海等，2001)；彭少麟等（2011）认为生态修复是在探索生态系统退化原因的基础上，寻求恢复与重建的相关技术与方法的过程。

第二类观点将生态修复侧重于植被的自我修复功能。具有代表性的是 Diamond 在 1987 年将生态修复视为以植被的自我修复功能，再次形成一个具有自我维持、持续性的自然群落，以供后代生存；日本学者提出，生态的恢复、重建和改进主要是依靠生态系统本身特征规律进行自我漫长休养生息的演替，通过消减人为外界力量的扰动来缓解或消除对生态系统形成的压力，实现生态系统向自然状态演化（王治国，2003)。在此基础上，焦居仁（2003）认为生态修复是在人为调控的辅助作用下，主要发挥生态系统自有的组织及调控功能，从而加快生态系统的恢复及健康运转。

2. 生态修复发展概况

对退化生态系统的修复工程最早于 20 世纪 20～50 年代，由英美澳等国家关注地下水开采、采矿废弃地等造成的生态退化而逐步展开相关研究。作为世界上最早开展生态修复理论及实践研究的美国（20 世纪 30 年代)，以温带草原的修复为开端，随后 60～70 年代，以北方阔叶林、混交林等生态系统为试验对象，对其在被破坏及干扰后的动态变化及其机制进行研究，并取得重大发现；除美国外，欧洲共同体国家中的德国，不仅对生态系统退化的大气污染方面有较早的研究，而且对生态物质循环、林木营养健康等方面也有扎实的实验研究，并针对森林退化构建了独特的网络式形态的研究。综上可看出，美、德各国的研究集中在南美洲地带的热带雨林修复；而日本和英国则以东南亚为研究区域重点探究植被采伐后的修复，尤其是对大面积的采矿地以及欧石楠灌丛地的植被恢复问题高度重视。同时，以澳大利亚、非洲大陆和地中海沿岸的欧洲等国主要是对干旱土地及采伐迹地退化和以寒温带针叶林为主的植被恢复进行了有效的试验与研究（包维楷，2001)。随着人们对修复与重建退化生态系统的不断关注和重视，国际恢复生态学会相继成立，并在“人与生物圈计划（Man and the Biosphere Programme，MAB)”的中心议会中，将恢复生态学列为主要研究内容，研究人类活动对资源管理、利用与修复等方面的影响。到了 20 世纪 90 年代关于生态修复的理论与技术等方面的研究有了很大进展，如具有代表性的佛罗里达大沼泽的生态修复试验与研究，一直持续至今。1992 年《恢复生态学》杂志在美国创刊发行，确定将退化生态系统植被恢复作为其研究重点。随后，Rapportetal（1999）在对西方恢复生态学研究进展总结的基础上，依据群落物种在资源比率的作用下，其成分发生改变，总结出生态系统的演替很大程度受控于资源变化比率的结论，同时还探索出外来物种对退化生态系统的适应对策和其非稳定性机制。第十三届国际恢复生态学大会（2001 年）强调依据生态的自然界限，对其结构和功能的修复可以跨越政治的边界，通过建立协作关系，开展多边合作来实现生态恢复（张鸿龄等，2012）。

总之，从目前国外有关生态修复的发展历程及概况来看，主要有以下几类：一类是对污染、破坏、退化等治理性修复，主要集中在退化林木和土地、废弃矿区的特殊污染等方面；一类是有关地貌、种群等生态多样性为核心的保护性生态修复研究；还有是对生态修复机制研究，重点对动植物、微生物、土壤、大气、水等方面通过理论与试验相结合的研究方式，取得了丰富的研究经验及全面、多元的研究方法。

我国作为世界上生态系统退化严重的国家之一，早在 20 世纪 50 年代开始生态修复的实践和研究工作，主要是针对黄土高原区水土流失、华南地区荒山植被恢复等问题进行综合整治和长期定位观测试验；在 70 年代，防护林工程、水土流失治理等一系列生态修复工程建设广泛在东北、西北和华北区域开展，到 80 年代扩展到了长江上中游区域，特别是 80 年代末，对以丘陵、荒漠等为主的生态脆弱区域加强了生态修复工程建设；90 年代逐步延伸到沿海防护生态修复工程建设，到 90 年代后期对小流域生态修复案例的研究较为深入，并取得了显著的生态效益，这对资源的可持续利用、环境改善、经济社会逐步协调发展有重要推动作用（范泽孟等，2013；姜志德等，2009；王习军，2004；蒋定生，1997）。

在一系列生态修复建设工程的实施中产生了大批实效可行的生态修复技术与模式等方面的相关研究成果（金鉴明等，2012），与此相关的论文、研究报告和论著陆续发表，如《热带亚热带恢复生态学的研究与实践》（彭少麟，2003）、《中国西部生态修复试验示范研究集成》（程国栋，2012）。在此基础上，通过对生态系统退化的内涵、修复内容及理论的不断深入分析和研究，一些具有实践意义的应用性理论被提出（杜加强等，2012；夏哲超等，2010；韩新辉等，2008；彭少麟等，2001），主要涉及生态系统退化的原因诊断、程度判评、形成机理、评价指标以及生态修复重建的模式和技术等方面，使生态修复的研究领域逐渐得到了深化与拓展。

总之，归纳我国生态修复的发展历程可以看出，研究的重点主要包括基础研究和实践运用研究。基础研究主要是依据试验区与示范区的定期观测，从而掌握规律，使相关理论得以证实；实践运用研究主要集中在森林植被的人工重建、植物群落有效恢复模式的探寻、植物多样性和小气候变化的应对措施等方面。在研究取得大量成果的同时，仍存在一些问题，如与对生态修复的生态效益评价相比而言，缺乏对其经济及社会结构和功能的综合评价研究和相关理论研究，并对生态系统中土壤生物（尤其是微生物）等方面的研究也不够深入，相对忽视生态自然修复的过程研究。因此，将地理学和景观生态学原理为基础，注重生态恢复学的过程研究，将成为未来研究的主要趋势。

3. 黄土丘陵区生态修复发展历程

鉴于黄土丘陵区生态系统脆弱的现状，该区一直被列为我国水土保持与生态恢复的重点区域，从 20 世纪 50 年代至今，对该区域的生态修复进行了大量的理论研究与实践治理工作，取得的主要成就如下：

(1) 积累生态背景资料。背景资料主要是针对黄土丘陵区 20 世纪 50～60 年代与 80 年代两个时期的生态环境及该区域经济社会方面的基础数据（中国科学院黄土高原综合科学考察队，1992)，这些背景数据是经过对试验区、重点区和整个黄土高原进行长期定位观测和实地调研访谈所获取的，特别是 80 年代将先进的遥感技术应用在生态环境数据收集中，大大增加背景资料的完整性、科学性和精准性，为黄土丘陵区生态修复研究与综合开发治理提供了必要的参考依据。

(2) 增强宏观生态条件研究。黄土丘陵区生态条件是依据历史相关记载，通过长达几十年对杏子河、韭园沟、长武、固原、西峰等试验站的定位观测，并结合学者对地质环境变迁、自然地理、土壤侵蚀等方面的长期研究，从而对该区域的植被环境特征、土壤侵蚀类型与强度的分布规律、不同地貌下土壤和水土流失的分布规律和黄土高原的变迁过程及历史有了宏观的认识，为进一步开展地表植被覆盖和水土保持效应、黄土丘陵区生态系统要素、内在宏观机理等研究奠定了扎实的基础（高磊，2012；唐克丽，2004；马俊杰，1999；卢宗凡等，1997)。

(3) 拓展治理技术研究。在黄土高原生态修复和治理过程中，治理技术是该区域生态修复的重要工具，也是区域实现协调持续发展的核心战略。具体包括河流、土壤、植被等方面的工程措施、生物措施、生物措施与工程措施相结合等综合治理模式，这些治理技术在不同尺度（小流域、大流域）的生态系统下实施运用，为生态修复提供了理论保障和实践经验。

1.3.2 生态-经济-社会发展关系

国外对生态-经济-社会系统相互关系及发展状况的研究大多是集中在经济与生态或经济与资源、人口、环境等因素系统之间，在定性或定量研究系统间相互协调发展关系的同时进一步探讨其内在机理，而将独立的社会系统，与经济、生态系统紧密结合，研究探讨三个系统间的相关关系、协调发展程度及内部演变规律的成果并不多见，特别是以生态修复为背景，在黄土丘陵区范围探讨三者的协调发展的研究成果，目前尚未见到。

生态、经济与社会发展关系的研究是一个集理论性与应用性为一体的综合性课题，其涵盖自然科学和人文科学等不同学科领域（如生态经济学、环境经济学、社会学、系统学等），国内外众多学者展开了多方位、多角度的相关研究。与本书有关的研究成果主要集中在以下几个方面。

1. 生态经济学视角研究生态-经济-社会发展的关系

生态经济学以美国经济学家肯尼斯·鲍尔丁的论文《一门科学——生态经济学》（1966）为标志而诞生，阐述了资源开发和环境污染间的矛盾，探索重新测定人类福利尺度等问题，由此揭开了生态与经济发展关系的研究。1968年美国学者保尔首次将生态学和经济学思想相结合。随后丹尼斯·米都斯等在1972年发表的《增长的极限》，使生态经济逐步成为人们关注的热点，并引发人们对彼此间关系深入思考。真正认识到生态环境、经济与社会是不可分割的共生体，即经济是生态环境的经济、社会也是生态环境的社会，这是由法国著名社会经济学家弗朗索瓦·佩鲁提出，同时形成三种生态观点，即“悲观派”、“乐观派”和“协调派”。1976年，日本坂本藤良的《生态经济学》出版，成为世界上第一部内容较为完整的生态经济学专著。“经济和生态是不可分割的整体，在生态遭到破坏的世界就不可能有财富和福利”这一观点，充分表明了生态与经济间的相互关系。随后，人们将生态资本列入经济资本的范畴，扩展了资本的内涵，认为价值不仅仅来源于劳动，自然环境也是天然的财富，具有经济价值（萨廖尔森，1992）。在上述发展的基础上，归纳出生态经济学是在人类劳动过程中，运用技术中介将由物质、能量、价值和信息等通过循环、转化、增值和传递构成的生态系统和经济系统组合成的具有特定结构的单元集合（肖劲松等，2010）。在生态与经济关系的研究中，具有里程碑意义的还有美国经济学家列昂捷夫，最为突出的贡献是将处理工业污染费用引入投入-产出分析的变量中，研究生态环境与经济发展间的协调关系。随着研究的不断深入，陆续将技术、道德、法规和政策措施等因素引入生态与经济协调关系中（陈德昌，2003）。由此可见，要寻求既发展社会经济又保护生态环境的解决之策，单靠从生态学或经济学的某一角度来分析和探究是片面、不科学的，只有将生态学和经济学相互交叉渗透进行分析，才可以实现生态与经济间协调发展。这不仅是生态经济学产生的必要原因，也是社会发展到一定阶段的必然结果。

在生态经济学理论不断发展的基础上，发达国家在实践中以实现生态绿色型现代化发展为目的，积极探索高效生态经济的发展模式。以美国为典型，首先提出了高效生态经济的概念，并将这一概念运用于生态与经济系统中，在带动生态经济学体系完善的同时，相关研究也取得了飞跃性的进展。随之英国、德国、法国及以色列等国不断扩展生态经济理论的运用领域，最早实践于工农业领域，生态产业在以开发绿色食品及开拓其国际市场的推动作用下得到快速发展。20世纪 80 年代后期，在高效生态经济发展的助推作用下，世界各国对生态经济理论及其实践都有了长足的发展（阿瑟·刘易斯，1983）。然而，90 年代随着经济社会发展过程中突显的人口增长迅猛、资源浪费及枯竭、生态环境污染失衡等全球性问题，要求了生态经济学的发展应以生态环境保护为基础，兼顾社会公平的可持续协调的方向为指引和宗旨。

本书涉及当前国外生态经济研究的前沿问题，主要涵盖估计自然资源储备量、建立可持续发展的生态环境与经济整合账户、完善环境与资源可持续利用的管理政策等方面。

生态经济学研究在国内的序幕是以著名经济学家许涤新发起召开的首次生态经济座谈会为标志，于 1980 年开始创建生态经济学，并提出了生态-经济-社会一体化的概念（王书华，2008）。生态经济理论是在可持续发展经济理论的作用下，工业化、城镇化的发展中所出现的生态失衡（自然资源的过度开发和利用）、环境恶化（水资源缺乏、沙尘灾害严重）、生态-经济-社会矛盾尖锐、人地关系高度紧张等一系列问题及科学技术对产业结构巨大推力的背景下应运而生（黄娟，2008；鲁传一，2004），并且该理论不是单一解决生态系统的矛盾，更重要的是要兼顾经济系统和社会系统与其的协调发展，即科学寻求维持生态经济社会复合系统实现动态平衡所需的各个条件、机制及其综合收益（姜文仙，2013）。

本书通过对国内生态经济学的相关研究梳理，发现可将研究成果归纳为以下几个方面：

一是生态经济的内涵。姜学民（1993）定义生态经济学是以生态经济系统作为研究对象，将生态系统的内涵扩展，不仅包括整个生物圈的大系统，而且把人类的经济活动、社会制度也作为生态系统的一部分，在生态系统、技术系统与经济系统所包含的人口需求、生产技术、资源和生态环境相互协调的过程中，有机地将生态规律与经济规律结合起来而形成的交叉学科；孙曰瑶和宋宪华（1995）认为生态经济学的本质是运用经济学原理解释人类经济、社会活动与生态环境之间的相互关系及其发展规律，以达到建立持续发展的良性循环目标；李克国（2003）、傅朗（2007）认为：在一定的生态、经济与社会条件下，生态经济学将寻求三者有机最佳组合，达到最适宜的 EES 系统平衡与和谐为思想宗旨，这不仅是人类追求的最终目标，也是协调发展的实质。在此基础上，李敏（2007）对其内涵深化，在《生态构建社会城乡统筹的生态绿地系统》中提出环境生态化、经济生态化、社会生态化的概念，其中环境生态化是指区域经济及社会的协调发展必须在环境的承载力约束下，以生态环境保护为前提；经济生态化主要强调生产、消费、交通和居住等各个生产和生活环节所采用的可持续协调的发展模式；社会生态化是指人口素质，特别是人们所具有的自觉生态环境价值观念、生活质量、健康水平等因素与生态、经济发展相协调的状态。总之，上述关于生态经济学内涵的不断拓展体现出当前自然科学和社会科学不断地向综合统一趋势发展，对学科体系的完善有重大意义。

二是关于生态经济的本质和重要性。具有代表性的是王金叶等（2013）提出生态发展经济化、经济发展生态化和生态教育，即是通过提高对环境资源的利用率和再循环利用率，提高人类对生态环境和资源开发利用及保护程度，在实现并创造满足人类多种需求的产出物的同时，必须树立正确的生态经济观，特别是加强生态教育，为最终提高生态经济的总量与质量提供必要的智力与支持；马艳和严金强（2011）通过实证分析经济发展方式与低碳经济间的关系，论证生态经济的本质；王关区和陈晓燕（2013）在《牧区矿产资源开发引起的生态经济问题探悉》中得出，发展生态经济既是整合资源结构、发挥资源优势，加速区域经济发展的迫切要求，也是大力调整经济结构的主要战略性措施，更是实现EES系统持续协调发展的必然途径，只有把生态经济视为区域全面发展的主题，在经济发展中兼顾资源开发与节约、生态利用与保护并重，才能实现人与自然和谐发展的最终目标。

三是阐述生态系统、经济系统间的关系及相互作用的规律。整体研究的思路是在生态经济内涵的基础上，以面临自然环境污染、资源耗竭、不可再生能源短缺等问题为背景，将森林、草原、农业、水域和城市等各主要生态经济系统为研究载体，以其结构特征、功能作用及综合效益等方面为重点分析内容，特别是强调资源最优利用条件下的经济增长，克服了资源与环境的有限性所造成的制约作用，充分发挥人的主观能动性和人的客观创造力，并通过开放性经济系统使经济与环境，经济与物质、经济与能源、经济与现代信息交换成为可能，使生态经济系统呈现出自组织性，相互协调发展生态-经济系统的约束与动力机制，进而为人类经济社会协调可持续发展提供科学依据。

2. 环境经济学视角研究生态-经济-社会的发展关系

环境经济学是环境学和经济学之间的交叉学科，以人类生存保障和发展为出发点，充分利用经济杠杆来解决环境污染、人地关系及与经济协调发展等问题的一门综合性学科。该学科认为经济发展中存在的关于人口、环境、资源与经济增长等问题都离不开环境地理学中的基本场域——地球表层，因此环境经济学的核心是从时空两个视角研究环境与经济两者在质量大小和在发展水平及方向等方面的协调关系。

环境经济学于20世纪70年代在西方兴起，其基本思想和理论源于以庇古为代表的福利经济学派的“资源稀缺论”和“效用价值论”观点（王炎痒，1993），庇古依据“效用可衡量性”和“个人间效用可比较性”原则，进一步提出“社会经济福利加大化”和“收入均等化”两个观点，并得出资源最优化理论。Roegen

(1975) 运用热力学定理解释了环境资源的有限性这一本质，认为经济行为在生产和消费过程中受热力学定理的制约，其物质和能量经过使用出现从有序到无序，从有价值到零价值转移，最终以废物的形式进入环境中。因此改善自然环境污染、解决资源短缺等问题，要通过技术的研发、新能源的开发与再循环利用得以实现；弗里曼Ⅲ (1993) 首次在环境资源的价值评估中系统地运用新古典经济学的相关理论；约翰·狄克逊 (1990) 采用客观与主观评价二分法对环境影响进行经济评价；经济合作与发展组织 (Organization for Economic Co-operation and Development，OECD) 与亚洲开发银行 (Asian Development Bank，ADB) (1996) 进一步分析和阐述了环境影响经济评价方法的基本原理、优缺点、一般步骤、应用领域等。

环境经济学交叉学科决定了其具有地理成分与外部性等复合特征，鉴于生态系统的外部性，作为经济发展外在因素的生态和资源，成为导致经济发展过程中生态恶化和资源枯竭的关键原因，致使人类经济不能持续发展。用经济学中的市场机制来应对生态环境外部性问题，最具代表的是厉以宁 (1986) 的观点，认为以市场调节为主，政府调节为辅来解决生态环境外部性的问题，从而控制对生态环境的破坏，保证经济社会平衡增长。大卫·皮尔斯 (1996) 运用市场机制和税收等财政手段来解决生态、资源出现经济价值失灵的问题，得出了经济杠杆的调节作用是从弱到强的贯穿于生态、经济与社会的各个方面，并最终用政策的形式呈现调节结果。与此相对的是 Deserpa 等则认为生态环境的外部性是长期的，要靠政府的干预 (Deserpa，1993)。

吴传钧院士 (2008) 最初从人地关系理论视角研究环境与经济协调关系，并对中国的人口、资源、环境和发展 (population resources environment development，PRED) 之间频繁、动态的协调关系进行了全面论述；毛汉英 (1995)、李后强等 (1998) 提出的人地关系、人地协同等理论成为构建协调发展模型的理论基础；王黎明 (1998) 首次将人地关系与协调理论相结合，提出人地关系协调论，并逐渐被认同；申玉铭 (1999，1996) 在上述研究基础上进一步分析了 PRED 协调发展的内在机制、演化规律及协调发展理论的模式，从而得出区域协调发展的实质是协调人地关系，即人类的生产、生活活动过程中必须以生态环境承载能力为条件，自觉地调控自身及系统各要素的发展，形成特有的复合系统综合发展轨迹；龚胜生 (1999) 认为“人”、“地”两类系统离不开区域特征，人地关系均不同程度地受到区域的影响，并且两者间协调发展战略的实施最终的落脚点也在区域范畴；冯仁国 (2001) 通过梳理人地关系思想演变进程，从环境决定论、人类生态学论逐步演变为文化景观论为主导，再发展到当代的和谐论，得出作为环境学核心的人地关系更是人类与自然协调发展的理论基石；李坤 (2004) 是通过阐述特定区域的生态环境和经济发展之间动态协调关系，重点强调人地关系的重要性和基础性。

李建兰（2004）运用循环经济理论分析经济与资源环境协调发展过程中存在的问题，得出以调整经济结构、转变经济发展方式、研发新型高科技技术等相关措施，是大力发展循环经济的重要手段，也是保持经济的快速增长，实现经济与资源、环境协调发展的必然选择；孙毅（1993）从环境价值评估切入，通过对其结构功能的变化与发展趋势分析，得出自然资源与生态环境在经济高速增长的同时必须得到相应的价值补偿，并与基础设施和社会服务等体系相匹配，从而缓减对其产生的压力，实现内在协调演变。因此协调生态-经济-社会系统的相互关系越显必要。张洁（2012）将流域作为人地关系研究的客体，在总结现有理论和观点的基础上，提出了对流域人地系统结构演变的综合性研究的方法，针对自然因子和人文因子协调机制等研究缺乏的问题，应加强学科融合，注重新技术和方法的研发及应用。哈斯巴根等（2013）将脆弱性概念引入人地系统关系中，并阐述了人地系统脆弱性的内涵，对其脆弱性特征及影响因素进行分析，从而探寻区域协调发展模式。

3. 系统学视角研究生态-经济-社会发展的关系

系统学约在20世纪80年代建立，是以复杂系统理论为核心的学科，随之相关的复杂系统技术也得到了不同程度的发展，这标志着系统科学发展进入新的阶段。作为系统学中的研究热点，复杂系统理论的研究被不断延伸，特别是对“适应性导致系统的复杂性”全面诠释，即复杂适应系统（complex adaptive systems，CAS）理论（霍兰，2001），该理论与计算机等人工智能手段相结合，为其应用到各个领域发挥实质性作用提供了技术上的可能性，这对复杂系统建模方法研究产生了巨大的影响。

随着系统科学的不断发展和人们对其认识的日益深入，国内外许多学者陆续尝试用复杂系统理论来研究探讨生态经济系统协调发展过程中的相互复杂性问题，并取得了丰硕的研究成果。冯玉广和王华东（1997）最突出的贡献是运用协调度衡量单位针对性的定量测算区域PREE系统协调发展的水平，使衡量指标更加明确，分析结果更为精确；袁旭梅等（1998）依据大系统理论，运用非平衡系统理论分析“生态-社会-经济”复合系统协调的自组织机理，并提出复合系统协调管理模式与调控机制；白华等（2000）在前者研究成果的基础上，重点对复杂系统的协调内在机理进行详尽剖析；曾嵘等（2000）通过剖析人口、资源、环境与经济各个系统及大复杂系统的结构特征，了解各子系统之间内在相互演变过程，揭示系统协调发展机制；王维国等（2000）采用系统中囊括有物质、信息、价值等“五流”来衡量系统的协调发展程度；Lutz和Scherbov（2000）研究人口变化、环境、社会经济发展及农业之间的相互影响是通过建立关于人口、环境、发展和农业（population enviroment development agriculture，PEDA）的交互式计算机仿真模型定量化分析；刘思华（2002）是运用哲学中辩证统一的关系作为切入点来分析生态环境与经济发展两子系统间的关系，认为经济系统发展对生态环境系统的影响作用在生态承载力范围内是实现两系统协调发展的必要条件；林卿（2003）最大的进步是跳出生态环境与经济发展相分离的传统物本经济学，而是将知识经济的理念引入大系统理论，对经济发展、生态环境系统内部及两系统间的协调发展研究，但相对不够深入；蔡平（2005，2004）根据大系统理论，视生态环境与经济发展为协调发展大系统中的两个子系统，与上述成果相比，其最大的不同是以分析两个子系统间协调发展的基本特征为研究的核心内容，为同类协调发展的相关研究提供借鉴；李倩等（2013）基于区域生态-经济系统复杂性开放性特点，通过采用最大流原理建立生态-经济复杂系统模型，得出系统协调发展中相互变化规律。

1.3.3 协调发展理论演变历程

1. 协调发展理论

协调发展的观念及理论在国外兴起于20世纪60～70年代。由于在人类追求经济快速增长的同时，出现环境污染、资源紧缺，面临枯竭等问题，人们才逐步意识到以牺牲生态环境来赢得经济增长是阻碍人类社会基本生存和发展的根源。因此，认为发展不仅是单一的经济数量的增长，而且是涉及人类社会的不同的时期与不同领域，这一观念更侧重强调社会、政治因素的作用。这也正是协调发展理论产生的背景。

英国经济学家博尔丁（Boulding，1966）应用系统理论分析生态环境与经济协调发展问题，将经济系统看作由原材料、能源和信息三类构成系统的输入和输出的一闭环系统，通过建立“循环式”经济体系来代替过去的“单程式”经济来解决资源短缺，生态环境恶化等问题，提倡储备、福利型的生态-经济协调发展；Mishan（1967）从福利经济学角度分析经济发展问题，从充足的商品、教育机会、科技进步等角度衡量经济增长，但在此过程中对生态环境产生负效应；70年代英国经济学家舒马赫提出的“小型化经济”，认为经济发展应该遵循具有高效率、灵活创造的持久性小型化经济发展方式，解除大规模生产带来剧增的消费、生态破坏等矛盾，最终实现社会全面发展（Schumacher，1973）；Gold Smith（1972）从人与自然协调的视角提倡小型分散工业是平衡生态、合理资源开发的有效途径，过度追求高度工业化会导致社会问题甚至是社会灾难；Daly（1977）提出了类似于Mishan的经济增长否定观和社会约束观，认为经济进一步增长将会使自然资源面临枯竭，生态环境污染严重；随后，他提出在保证人口和资本投资的基础上，稳态经济的发展模式是实现系统协调发展的主要模式（Daly，1999）；Beckerman（1974）与稳态经济发展模式所不同的是主张以消除贫困来评判经济发展程度，认为环境污染是通过适当的手段可缓减或消除，仅是一个管理问题；“可持续发展战略”于1987年在世界环境与发展委员会发表的报告《我们共同的未来》中被正式提出。这一理论不仅涉及生态、经济、社会等多个领域，是将多学科、技术、制度等因素相融合的全新理论，也是保证经济增长，保护生态环境以及彼此间相互平衡发展的正确途径；Norgaard（1990）在其著作和文章中提出了经济发展的本质是不断适应生态演变的过程，只有在新技术控制自然界的同时与生态、社会紧密联系，才可以实现系统协调发展。

中国对于协调发展理论的相关研究大致可以分为以下几个阶段：

1）协调发展理论的萌芽阶段

有关协调发展理论最早可以追溯到古代的协调思想，该思想以人与自然和谐发展的理念为核心，形成“天人合一”、“仁爱万物”、“象天法地”、“道法自然”等精辟的生态伦理思想观，为古代城乡布局规划及建设提供思想依据。具有代表的有早在战国时代，李俚（魏国）、商鞅（秦国）依据该思想将山林、草地、农垦地、水域、低地等视为一个有机整体，因地制宜地进行城市选址、布局、人居环境建设等；古代名著《禹贡》、《周礼》、《管子》等中记载的古代聚落选址等也充分体现了人类与环境协调发展的思想（杨培峰，2005）。

2）协调发展理论的成熟阶段

协调发展理论是在生态经济、人地系统等理论的基础上逐步产生的，由于国内对生态环境与经济社会关系的研究起步晚，于20世纪70年代开始重视经济社会发展过程中的环境保护问题；80年代初，在首届生态经济讨论会上探讨生态与经济协调发展标志着生态经济、协调人地关系的相关研究正式拉开序幕；生态学家马世骏（1984）提出社会-经济-自然复合生态系统（social-economic-natural complex ecosystem，SENCE）的思想是协调发展理论形成的里程碑，其认为协调发展的客体是将以人为核心在特定区域内的生态系统、经济系统、社会系统通过相互共生共存、协调作用形成一个复合系统；到90年代初期，中国学者将生态经济协调发展和可持续发展作为相关理论研究的主流，并相继发布了一系列重要相关文件，如《中国21世纪人口环境与发展白皮书》、《中国21世纪议程》、《中国21世纪初可持续发展行动纲领》等，使可持续发展理论与实践研究更趋于广度与深度拓展；协调发展理论在十六届三中全会（2003）中所提出的“五个统筹”的原则下，相关的研究更为活跃，并相继提出了一系列重要的观点，使该理论得到进一步深化。

3）协调发展相关研究多元化阶段

鉴于协调发展理论形成和不断趋于成熟，学者对其研究的视角和深度不断拓展。研究方法的多元化主要表现在：定性分析和实证分析以及将两种方法相结合分析；研究内容多元化表现为：相关概念研究、评价指标体系、评价模型研究、作用机制研究及对策研究等；研究范畴不断扩展，由单学科研究向交叉学科研究转变、时序、空间及结合研究日趋深化等。代表性研究有：夏德孝等（2008）从协调发展理论的内涵、机制、衡量标准及对策建议等方面进行综述，使得该理论更完善更系统；李祺（2012）将协调发展理论应用在金融领域，围绕其内涵、等级划分进行新的界定，使该理论的运用范围拓展并易于实践。

2. 协调发展的概念

关于协调发展的有关概念有多种定义，从不同的视角定义的侧重点也不同，目前还没有明确统一的说法。从不同学科视角定义，如经济学中以覃成林（2013）、王海萍（2012）、赵文亮等（2011）、张正勇（2011）、高志刚等（2010）等为代表的相关研究认为：协调发展是国民经济一种均衡发展与非均衡发展相结合的动态协调发展过程，通过缩减地区间的发展差距，实现各区域协调互动、共同发展目标；以徐向东、薛惠锋、寇晓东（2004）等为代表的研究提出：协调发展在系统学中是对其涉及的自然及社会环境、经济以及社会等子系统的相互关为研究重点，以各种复杂的物质、信息、技术、人员以及能源为载体，通过彼此相互作用影响，使系统向效应最大化的发展演变。还有部分学者是从理解“协调”和“发展”的含义切入给出了不同的表达方式，即协调主要强调协作调整、和谐统一，是一种状态，而发展是强调一种量变和质变的不确定性动态变化过程。代表性研究有冷志明（2012）、覃成林等（2011）、刘艳清（2007）、李金颖（2006）、戴淑燕等（2004）、冯耀龙等（2003）、李艳等（2003）、申玉明等（1996）。

3. 协调发展评价理论的研究方法

1）衡量区域生态-经济-社会系统协调发展的标准

由于区域生态-经济-社会系统协调发展的复杂性，其衡量标准也繁多不一，但运用较为广泛的是承载力、协调度、发展度、协调发展度等。

一是将承载力作为衡量的重要标准。鉴于承载力具有表示和描述人类与生态环境特征的量以及反映相互作用的多功能优势，许多学者将生态环境问题主要归咎于人类活动超越了生态承载力所造成的（吴玉鸣，2010；高吉喜，1999），因此承载力便成为判断和测量 EES 系统协调发展水平的关键标准之一。学者张学勤等（2010）首次提出地理环境人口承载力这一概念，并对中国各省的生态-经济-社会协调发展程度进行了评判；马玉香等（2011）是进一步将承载力概念细化为矿产资源的人口和经济承载力，即矿产资源承载能力；唐湘玲等（2012）对生态承载力界定范围扩展为资源承载力、环境承载力和生态弹性能力；岳东霞等（2010）采用生态足迹方法中生态承载力时间动态趋势评价方法，建立生态承载力的供给和需求模型，以民勤县为实证对象，对生态承载力的变化速率与剪刀差进行分析；刘东等（2012）在岳东霞的研究基础上，构建生态承载力供求平衡指数（the equilibrium of supply and demand of the ecological carrying capacity index，ECCI），在县域尺度评价承载力供求平衡状态，并为国家主体功能区域、人口发展功能等提供理论依据。

二是采用协调度、发展度及协调发展度定量测算区域 EES 系统协调发展水平。其主要是对系统之间及要素之间静态及动态协调程度、发展水平及协调发展状况和综合水平定量评价，进而深入分析协调发展的内在机理。在早期廖重斌（1999）、白华等（2000，1999）等研究成果的基础上，罗建玲和王青（2010）以陕西为例，对资源-环境-经济系统进行协调度测算；王辉等（2011）将协调度为衡量辽宁省各个区域协调状况的测量单位，并建立相应的指标和模型，并依据测算结果提出对策；高乐华等（2012）将其拓展运用到海洋生态经济系统，基于生态足迹法、承载力模型和可持续发展度量法，通过建立交互胁迫论和非线性回归模型等对沿海 11 个省市的生态-经济的协调发展程度进行测算；梁强（2013）从人口、经济与环境三个方面研究协调发展问题，突出社会系统中的人口因素。

2）区域生态-经济-社会系统协调发展评价方法

关于协调发展的评价方法可以归纳为定性评价法、定量评价法及两者结合的综合评价法。定性评价法是依据研究对象或现象所具有的属性和在运动中的内在规律，通过逻辑推理或历史比较等手段，通常采用文字描述的表现形式来研究事物的一种方法或角度。定量评价法是以概率论和社会统计学等为基础，运用经验测量、统计分析和建立模型等方法对研究对象的资料数据进行分析，并用数据、模型、图形等形式表现，从而揭示研究事物的规律并且解释变化原因。由于区域生态-经济-社会系统协调发展是一个涉及自然环境资源、人类经济社会和科学技术制度等诸多因素的复杂相互作用的过程，为了科学客观地评估特定区域 EES 协调发展的水平，需要在定性描述和分析的同时对其进行定量的测评。由此可见，将定性评价法和定量评价法相结合是研究此类问题的较为全面的方法。

一是定性评价方法主要是指社会评价。具体是以人为本的原则出发，通过对社会影响、社会条件的适应性和可接受程度等社会可行性的定性分析。

二是定量评价方法。关于生态-经济-社会协调发展的定量评价方法有很多，其中有机的将生态与经济结合的分析方法具有代表性的有生态足迹评价法和能值分析法。

生态足迹（EF）最早是由加拿大生态经济学家 William 等（1992）提出，并逐步应用于旅游、规划设计等不同研究领域，是一种定量测度协调发展的方法。随后被其博士生 Wackernagel（1999）完善，生态足迹作为衡量协调发展的指标之一，其通过转化为相同的单位来比较生态环境的供给与人类的需求，测算出人类持续生存的生态阈值及个人或地区的资源消耗总量及强度。这种方法不仅使测量不同区域的协调发展度具有可比性，而且评估的结果明确细化到每一个时空尺度范围，使区域生态经济社会发展的协调状况更为精准。代表研究有发表的 *Ecological Footprint of Nations*（1997）对世界上 52 个国家和地区的生态足迹进行了计算（Wackernagel，1999）；Folke 等（1997）计算了波罗海流域的 29 个大城市的生态足迹，Vuuren 等计算与分析了荷兰、哥斯达黎加、不丹等国家的生态足迹（Wackernagel et al.，1999）。杨振等（2004）采用生态足迹法对甘肃省进行了定量研究。随着对该方法的研究不断深入，杨小燕等（2013）将生态足迹、VAR 模型和广义脉冲响应函数等模型结合，分析三次产业产值变动对生态足迹的影响，并提出发展现代特色农业、集约农业和外向型工业园区等对策。

能值分析法是由 Odum 在传统的能量分析方法基础上，创立的一种生态-经济系统研究理论和方法，其通过把各种能量归一转化为太阳能焦耳来衡量其他能量的能值，通过用能值的货币比率、投资率、交换率、扩大率、自给率、密度、人均能值用量、净能值产出率等指标衡量区域生态经济发展水平。这种方法为生态系统能量分析与经济价值分析间架起了桥梁。也正因此，运用该方法在生态与经济协调发展方面的研究成果较多，而对生态-经济-社会三者进行系统研究的很少。

总之，在现有的相关文献中，定量分析方法主要运用在生态与经济系统的评价分析中，而社会系统的评价多以定性评价为主，本书试图将定性和定量的分析方法结合，对生态、经济和社会三个子系统及复合系统间的协调发展关系进行分析，揭示其内在机理，这正是本书研究的意义所在。

4. 协调发展评价指标和模型

1）评价指标

随着协调发展理论的广泛运用，其指标体系的构建一直是国内外众多学者研究的热点。目前经过梳理有关构建或选取协调发展评价指标的文献，发现通常设计指标体系是采用多维矩阵结构的思路，将指标依据研究内容的不同，划分方法也不同。按指标性质划分有三种类型：第一类协调发展评价指标是一个统计量纲性指标，如植被覆盖面积、地区生产总值、人均消费水平等；第二类评价指标是一种相对指标，并非是绝对指标，表示协调发展水平的系数；第三类协调发展指标要既能反映协调水平，又要反映协调发展的程度，因此在指标选取中既要有统计指标，也要有相对系数指标（王维国，2000）。按指标维度划分为总量、质量、结构（孙立成等，2012）。按研究内容对指标划分较为繁杂，但是大多是以生态环境、资源、人口、经济等范畴划分。

国外对协调发展指标体系的构建具有代表性研究的有：1996年，美国涵盖健康与环境、经济繁荣、平等、保护自然、资源管理、持续发展的社会、公众参与、人口、国际责任和教育等十个方面构建协调发展指标体系；同年联合国可持续发展委员会（United Nations Commission on Sustainable Development，UNCSD）等机构应用“驱动力（dring）-状态（statement）-响应（response）”概念框架，以环境、经济、社会和机构四大体系构建协调发展指标体系；英国协调发展指标体系是在其可持续发展战略目标指导下，由环境部环境统计和信息管理处（EPSIM）设置形成。

中国协调发展指标体系是在可持续发展理论、指标体系概念的基础上逐渐形成的，最早是由叶文虎和唐剑武（1998）初步构建，并在其概念、原则的基础上制定了全球、国家（或地区）协调发展指标体系框架图；张世秋在归纳了可持续发展指标体系研究成果的基础上，依据PSR框架，建立关于生态、资源和经济制度等方面的指标体系（单长青等，2011；叶文虎，1995）；牛文元（2000）将指标体系分为目标层、系统层、指标层、变量层等几个等级，其中目标层表示中国协调发展的整体态势，反映了协调发展的总体目标；系统层主要包括生存、发展、环境、社会和智力等五个系统，涵盖了协调发展理论体系的内容主体，表述其内在逻辑关系；指标层则具体描述每一系统行为的内部关系结构；变量层是将指标层的各个具体指标数据量化，作为协调发展评价模型构建的变量；魏一鸣等（2002）提出PREE系统指标体系；范中启等（2006）设计了3E系统指标体系；段晶晶，李同昇（2010）以西安市为例，从城乡关联的角度评价其相关协调性；陈珏和雷国平（2011）以大庆市为例，将生态环境协调度评价与土地利用相结合，构建评价指标，为系统协调发展拓展视角；车冰清等（2012）从经济和社会两个系统构建复合系统指标体系；李芳林等（2013）从环境安全视角切入，对人口、环境、经济三方面构建指标体系。

本书对指标体系的解读反映出众多学者是依据协调发展的思想，结合研究内容选取相关的指标，且大多集中在资源、环境、人口、经济、能源等领域，对生态-经济-社会复合系统较为全面的指标设置并不多，尤其是对社会系统的指标设置、指标间因果关系的考虑等方面在指标体系构建的研究中相比而言比较薄弱，这也是本书撰写作的意义所在。

2）评价模型

本书将协调发展评价模型主要从生态-经济协调发展状态评价模型介绍。国外学者对该类问题的研究开始于20世纪60年代后期，以Cumber和Daly为代表的研究人员将投入产出模型应用于生态-经济系统间相关性分析（陈华文等，

2004）；到了 70 年代初，美国经济学家里昂惕夫在 Cumber 和 Daly 研究基础上拓展了投入-产出模型的应用新领域，重点分析废物治理的经济效益、支付的费用及经济发展对环境的影响（Leontief，1972，1970）；随着相关研究的不断深化，在不同侧重的理论基础上，从不同的研究视角切入，建立不同的分析模型成为定量研究该类问题的必要手段，Konstantion 和 Nijkamp（1996）基于不确定信息的背景，从知识系统的角度切入对生态环境与经济系统间的协调关系进行建模。鲍莫尔依据经济学中的一般均衡理论和分析方法建立生态-经济模型，从而探寻治理和控制环境污染的最优途径（鲍莫尔等，2003）。Ness（1996）与上述研究相比，最大进步是将经济系统细化，引入更多的人口、消费、生产等因子，构建与生态环境之间的关系的多种模型进行研究，并对多种模型进行比较，得出各种模型的结构及核心内容大致相同的结论。运用“环境库兹涅茨倒 U 形曲线 EKC（environment kuznets curve）”模型引用在环境经济协调发展的研究首次是由美国经济学家格鲁斯曼（Grossman）和克鲁格（Krueger）（1992 年）提出，随后“环境库兹涅茨”曲线被帕纳约托（哈佛大学国际发展研究所）和科恩（哥伦比亚大学）相继得以验证（Pasche，2002）。

中国协调发展模型主要是从协调发展水平测度的角度建立相应的模型进行研究，大致可以归纳为以下几类：

一是变异系数协调发展模型。该模型主要是将数理统计中的变异系数（离散系数）的概念和性质引入到系统之间的协调度测度中，通过计算变异系数推导测度协调性指数，进而评价协调状况。代表研究有杨士弘（1994）、廖重斌（1999）等采用变异系数协调发展模型对生态与经济协调发展状况进行测度和评价；聂春霞（2013）在杨士弘等研究成果的基础上进一步定义了协调、发展及协调发展的概念，并通过变异系数测算推导，建立了协调度和协调发展度的计量模型，同时对生态与经济协调发展程度划分了基本类型。随后，廖重斌等依据离差系数最小化理论，进一步推导出离差系数最小化协调度模型；申金山等（2006）是将该模型的运用范围拓展，是围绕社会基础设施与经济系统两个维度建立变异系数协调发展模型，其最大的贡献是将社会系统充分考虑；马颖忆（2011）将变异系数与锡尔指数相结合对区域差异水平及协调程度进行测算，并得出造成差异的主要因素有区域环境、要素投入和制度因素等。

二是序参量功效函数协调发展模型。该模型是以系统协同论为建模的理论基础，通过将序参量概念引入到系统在演变过程中，依据序参量之间协同作用的强弱程度来反映协调性。吴跃明（1996）、孟庆松和韩文秀（2000）正是运用该协调模型测度生态-经济系统间的协调性；欧雄等（2007）在运用协调度模型中与其他研究最大的不同是通过对传统功效函数和协调度函数的改进，在功效函数中引入第三段函数，符合土地利用系统中发展与演化的各个序参量正负性转变的规律，进而对土地利用潜力进行实证评价；关雷（2009）与欧雄的研究视角相似，但是引入了潜力度结合协调度对土地利用潜力和协调性进行定量评价；丁金梅（2010）在协同学的序参量原理的基础上结合了役使原理，针对复合系统的特点，进一步构建了协调度模型；白洁等（2010）等在孟庆松研究思路的启发下，将协同学理论与复合系统原理结合，通过构建协调度模型来分析广西经济-能源-环境复合系统内各子系统之间协调发展水平，并得出复合系统的秩序与结构呈现从无序向有序趋势转变的结论；史亚琪（2010）结合上述研究成果，以湖南省益阳市资阳区（1995～2002年）为研究区域，将该区的农业系统为研究对象，运用序参量功效函数协调模型从生态-经济-社会三个子系统层次分析协调度的变化趋势，并划分了协调等级。

三是模糊隶属度协调发展模型。该模型是将模糊数学中的隶属函数引入，通过测算隶属度求出协调系数。相关的运用研究有袁旭梅（2001）构建了隶属函数协调度发展模型，通过模糊数学隶属度来推导系统协调发展指数；黄贤凤等（2005）利用该模型评价了江苏省生态环境-经济-资源复合系统中两两子系统间及三个系统间的协调发展状况；余娟等（2007）在上述研究的基础上，将社会系统中的人口作为核心，运用该模型测度了广西人口-资源环境-经济复合系统间的协调发展程度，进而评价了广西综合协调发展水平；董金凯（2012）在层次分析法和模糊隶属函数理论的基础上，首次建立人工湿地生态系统服务综合指数，对人工湿地生态系统服务进行综合评价，并为人工湿地的研发、设计、建设和运行提供借鉴。

四是灰色动态协调模型。该模型的相关研究主要有喻小军等在主成分赋权法的前提下，运用灰色理论中的GM(1，N）模型对生态环境-资源-经济系统协调发展进行分析研究（柯健，2005；刘思峰等，2004；喻小军等，2000）；陈静等（2004）是在应用复相关系数法求得各层指标的协调及协调发展指数的基础上，应用灰色GM(1，N）模型对社会、经济、资源、环境各系统之间协调发展程度进行了时间序列分析及评价；相类似的研究还有孙见荆（1996），其中，柯健（2007）最大的进步是在运用灰色系统模型GM(1，N）的同时还利用数据包络分析（DEA）工具等对系统协调发展进行了定量评价；学者张晓东等（2003）最突出的贡献是运用灰色系统GM(1，1）模型不仅对我国省级区域（20世纪90年代）的经济与环境协调度进行测算，而且还用此模型对2005年与2010年的区域协调度进行了预测；胡辉等（2011）将多维灰色动态协调模型与灰色关联度结合，定量分析江西铁路运输与经济发展的协调关系，得出旅客运输量、货运周转量对区域经济发展有积极作用。

五是其他协调发展模型。郭亚军和潘德惠（1990）通过从生态、经济、社会三个方面分析其对应的聚集效益函数，并建立综合评价复合系统的数学模型来揭示生态、经济与社会之间协调发展的比例关系；于瑞峰（1998）应用相对Hamning距离协调模型测度各子系统的协调系数及综合发展水平；王志宏（1998）通过构建投入产出协调评价模型有机将资源系统和经济系统关联，并揭示两者间的协调状况；范金（2001）是运用建立的生态经济投入产出的多目标优化模型分析协调发展水平；阳洁（2000）、林逢春（1995）等通过推算生态系统与经济系统中指标变化值的乘积所落入的坐标象限系，从而判断生态-经济系统协调发展的程度，这种测算方法称为坐标系协调性测度；杨汉奎和杨斌（1996）采用三角形端元图解方法对生态-经济-社会复合系统进行协调性及发展水平进行测度计量；姚愉芳等（1996）是将系统动力学与投入产出模型相结合，通过多方案比较分析生态环境-人口-资源-经济四大子系统之间的协调发展关系；周建平（1993）等构建了非线性协调模型，即通过非线性微分方程测度系统间的协调性；严艳（2000）是通过建立线性概率协调模型来解释被解释变量（可持续发展程度）与解释变量（人口发展程度、经济发展程度、自然资源可利用程度、环境保护程度）间的关系；吴承业（2000）采用“环境库兹尼茨曲线”数理模型计量分析生态与经济的协调发展程度；王金南等（2006）将基尼系数思想引入到协调发展模型，提出了基尼系数协调度的概念；王喜，秦耀辰等（2013）用系统动力学协调评价模型模拟分析了黄河中下游地毯经济协调发展模式。

总而言之，本书对生态-经济-社会（EES）复合系统协调发展的相关研究的成果中可总结出协调发展评价整体具有以下特征，如相关理论研究多元化、研究领域广泛性、评价方法多样化、评价指标及模型各异性等。协调发展理论的发展历程可以充分反映出从不同的视角，采用不同的方法，不同程度的揭示生态环境、经济等系统间相互关系，并对其协调发展程度进行定量分析和评价已日趋成熟，这些研究成果、理论方法为本书提供了有益的借鉴和参考。在此基础上，无论是国外还是国内，关于生态、经济与社会协调发展这一主题未来的研究发展趋势大致可划分为两个方面：一是基于可持续发展理论，对生态-经济-社会发展模式与决策的宏观研究；二是对生态-经济-社会系统价值的微观定量化研究。两方面相比而言，微观生态-经济-社会价值定量化研究的发展空间更为广阔。

但是由于当前各种研究视角的分散和研究对象的复杂性，致使至目前为止，尚缺乏构建一套全面完整的生态-经济-社会评价指标体系。同时，在相关论著中大多是集中对生态环境与经济系统间、经济与资源环境间、人口与经济系统间的关系及协调发展的相关分析，而将社会系统放置与生态-经济系统同等地位下，探究系统间协调发展关系的论著并不多见，尤其是将该生态-经济-社会系统协调发展放置在黄土丘陵区这一特殊区域内更是少之甚少，从而出现生态恢复过程中对经济社会研究的相对贫乏性问题。由于长期以来只重视生态系统退化的原因、程度、机理以及其恢复重建的相关研究，而忽视了生态修复过程中区域经济与社会的作用与反作用，使得生态治理不能结合地方经济发展的实际情况，对经济发展的带动作用弱，难以得到广大群众的理解、支持和积极参与，恢复效果不理想，恢复成果生命力有限。

另外，与生态恢复研究中对自然与生态学科的重视相比，经济和社会问题相对被忽视，而实质上生态退化恰恰是源于不合理的生产生活行为，生态退化又是社会经济可持续发展的重要制约因素，由此引发的自然灾害严重威胁着人类社会，不仅增加了经济建设成本，加剧了区域贫困程度和封闭程度，而且对社会全面可持续发展造成障碍。现有的生态保护与经济发展的尖锐矛盾，使得生态恢复工作面临困难，表现在逆转生态退化过程必须解决一系列生物学、生态学难题，同时还必须满足山区人民生活和地区经济发展的需要等问题。在目前的相关研究中生态恢复中的经济社会问题没有得到充分的重视，使得生态恢复与环境保护工作往往事倍功半，甚至在黄土高原生态建设中出现了边建设边破坏的现象。这些问题出现的根本原因就是没有解决好生态建设与农村经济社会发展的关系，致使三者不能相互促进，协调发展。所以，在生态环境治理和保护的同时兼顾经济发展，人民致富等一系列社会问题，是实现经济社会可持续发展和生态修复研究与实践成败的关键，这正是本书撰写的初衷和主要目的。

1.4　生态-经济-社会协调发展评价内容和方法

1.4.1　评价内容

本书以可持续发展理论、系统理论和协调发展理论等为理论依据，对现有国内外学者提出的协调发展评价方法进行评析，对相关的评价指标体系进行统计分析，结合研究区的特征，提出基于DPSIR概念框架模型构建的EES系统协调发展指标体系。同时借助综合指数模型、模糊隶属度协调发展模型、变异系数协调发展模型，运用在区域EES系统协调发展评价之中，从生态、经济和社会三个系统层面，提出协调发展驱动力-压力-状态-影响-响应评价方法与模型。

鉴于志丹县与榆林市均属于黄土丘陵区域，且具有相似的资源禀赋和经济发展模式，最主要的是两个区域拥有相同的生态修复的背景，是同时作为退耕还林政策实施的试点。因此，本书以这两个区域作为实证研究对象，应用DPSIR-协调发展评价模型，从县市不同的区域尺度，对生态修复过程中EES系统协调发展演变过程从静态、动态、时序和空间格局等多元视角分析，揭示社会、经济、生态等各个系统间的相互作用及因果关系，并对其协调发展程度进行动态评价和预测分析，在此基础上，依据对EES系统协调发展的影响因子分析进而提出相应的对策建议。

1.4.2 评价思路

黄土丘陵区生态恢复过程中对区域 EES 系统协调发展评价研究主要从生态、经济与社会三个系统切入，以志丹县和榆林市为研究对象，对以往的协调发展评价指标体系和评价模型进行了修订，建立了基于 DPSIR 概念框架模型的评价指标体系和协调发展评价模型。选取典型区域，实证分析其各个生态修复时段的协调发展状况，探究原因并进行因素分析，从而提出了相应的对策建议。评价思路图见图 1-1。

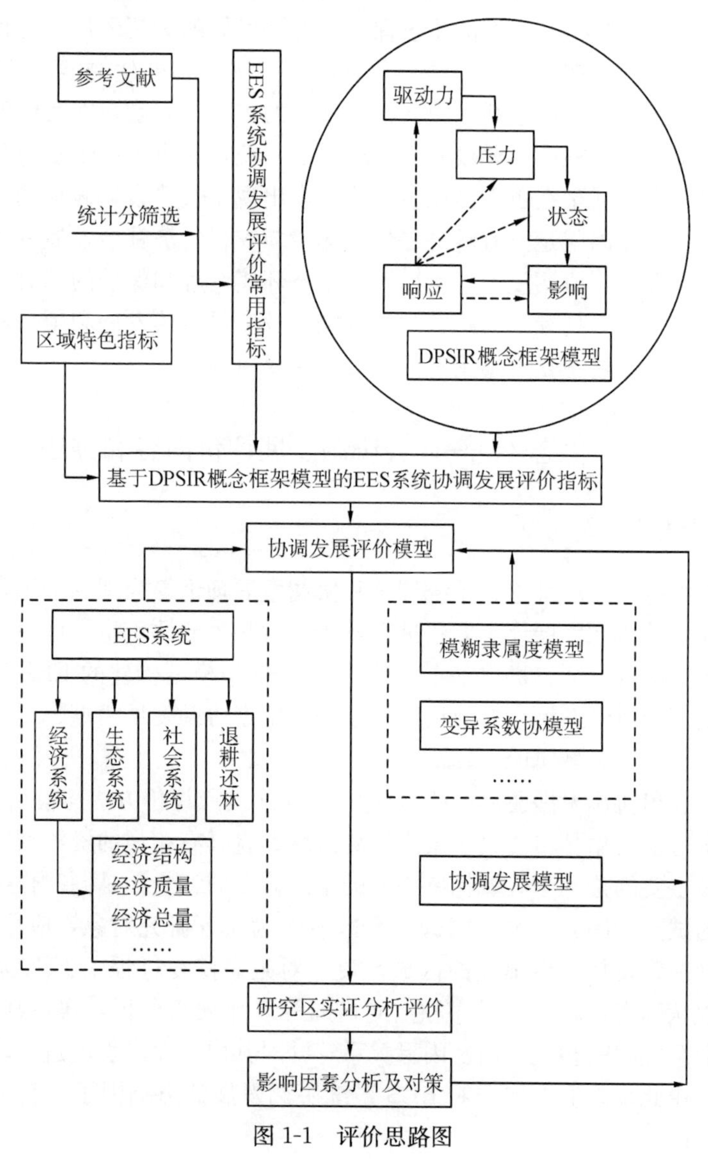

图 1-1 评价思路图

1.4.3 评价方法

文献研究法。本书是通过采用文献研究法对国内外生态修复和协调发展理论依据、宏观背景和研究现状等方面的文献、学术论文和个人著作进行搜集、查阅、整理的，进行系统性的分析来提炼及获取所需的信息，并贯穿于协调发展理论定性分析的始终，也是实证定量研究的基础和前提，从而达到全面客观的分析研究。

定性规范分析法。该方法主要运用在EES系统协调发展的理论、相关概念界定、协调发展机理及对策等部分。具体对EES系统及协调发展的概念、特征、内容体系等方面进行定性分析，从而详细阐述其相关关系及内在机理，并为作出决策和制定政策提供依据。

实地调查实法。实地调研是课题组对榆林市12个县区，志丹县的6镇8乡204个行政村，采用调研问卷和半访谈式方式调查收集收入来源、日常消费、食品消费、饲料、肥料、燃料消费状况、土地占有及生产情况、农村基础设施等数据。

定量实证分析法。本书是基于DPSIR概念框架模型构建出区域EES系统协调发展评价指标体系；采用熵值法和均方差极值对指标权重赋权；运用综合指数模型、模糊隶属度函数模型、变异系数协调发展模型定量分析评价黄土丘陵区EES系统协调发展状态；借助灰色动态预测评价模型对EES系统协调发展趋势进行预测；用主成分因子分析法对EES系统协调发展影响因素分析。

比较分析法。该方法是依据异同对比的思维方式，通过对彼此有关联的事物或事实，在特定的时空环境中进行单方面或多方面的对照。该方法具体包括纵向与横向比较、择同与择异比较、定性与定量比较、静态与动态比较、直接与间接比较、单项与综合比较、微观与宏观比较等。本书将这些分析方法交叉使用于各种具体问题中，例如，运用静态和动态来分析对比系统两两间协调发展程度；采用纵向与横向比较法分析榆林市不同县区EES系统协调及协调发展水平所存在的差异，进而探寻其变化态势和区域差异的成因。

1.5 评价特点

第一，研究视角新颖。从生态修复视角切入，将生态修复中的核心退耕还林工程作为外生变量，分析其对研究区的生态-经济-社会系统协调发展的影响，并将经济系统和社会系统作为研究客体的重点，以定量研究为主，拓展以前仅对生态-经济为核心的研究范畴。同时在实证分析中将自然科学的试验数据和GIS技术与社会科学的模型相结合，发挥生态学、环境经济学、区域经济学、社会学等多个交叉学科的优势。

第二，构建 DPSIR 协调发展评价指标体系，并从时间和空间两个视角分别测度了志丹、榆林 EES 系统协调发展度。基于生态修复的视角，通过整合生态、经济、社会多系统等各个复杂的因素，有效的分析多系统间的因果关系及交互影响，用原因-影响-响应的逻辑关系简明阐述指标间的较强逻辑因果关系，解释在生态修复过程中，EES 系统协调发展的现状、不协调的原因以及如何应对解决等问题。

第2章　EES系统协调发展的理论及概念界定

2.1　EES系统协调发展的理论

EES系统协调发展评价研究旨在探究生态、经济与社会三个系统间的相互作用，具有较强的复杂性和综合性，结合本书的视角和重点，将所涉及的理论基础概括为可持续发展理论、协调发展理论、系统理论。首先，可持续发展理论是本书理论基础的核心，该理论的思想和原则贯穿于本书的全过程；其次，协调发展理论为本书提供了直接理论依据；最后，本书将EES系统作为研究客体，将黄土丘陵区作为研究范围，必然离不开系统理论及区域系统的一般原理。

2.1.1　可持续发展理论

1. 可持续发展的来源

可持续发展（sustainable development）思想最早是联合国在斯德哥尔摩召开的“人类环境”会议上提出的（1972）；在1980年公布的《世界自然保护大纲》中认为“人类对生物圈的管理，使生物圈既能满足当代人的最大持续利益，又能保持满足后代人需求与欲望的能力”；在报告《我们共同的未来》中进一步界定和阐述该理论的定义：“既满足当代人的需求，又不损害后代人满足其需求的能力构成危害的发展”；可持续发展理论作为人类社会发展的新战略和指导思想是在“环境与发展大会”（1992）提出，同时在通过的《里约环境与发展宣言》和《全球21世纪议程》中对其目标、手段及实施活动等明确表述，使该理论具体运用于现实提供依据。同年中国发表《中国21世纪议程——中国21世纪人口、环境与发展白皮书》，为中国可持续发展提供战略思想指南；2002年南非可持续发展会议的召开标志着将可持续发展理论的战略实施范围更加广阔（茶娜等，2013）。

2. 可持续发展的含义

不同的研究领域对可持续发展含义的认识和理解的侧重点也各不相同，不同的学科在可持续发展范畴的基础上有不断的突破，因此按学科属性对可持续发展内涵大致分类如下：

（1）以自然科学属性定义可持续发展包括生态持续性和技术持续性两个层面。由生态学家首先提出的生态持续性是从生物圈概念切入，认为可持续发展是寻求生态系统的最佳状态，以供人类的生存环境得以持续，实现生态的完整性和人类愿望（洪银兴，2000）。1991 年 11 月国际生态学和生物学联合会开展可持续发展专题研讨会，阐述了可持续发展的生态属性，即平衡和强化生态系统的生产和修复能力；技术持续性是指其科技属性，其核心理念认为科技进步是除政策和管理因素之外对可持续发展有重要支撑作用的因素。最具代表性的有司伯斯和世界资源研究所等研究机构，认为以最大极限的靠拢零排放为目标的更清洁、有效的技术系统是实现节能减排可持续发展的主要手段。

（2）以社会科学属性定义可持续发展更侧重其社会属性和经济属性。可持续发展社会属性最早源于 1991 年发表的《保护地球——可持续生存战略》（李秀娟，2008）。社会属性定义可持续发展是以生态属性为前提，即：不超出维持生态系统承载能力的情况下，有机地将人类的社会属性和自然的生态属性融合，强调人类的生产生活方式与地球承载能力相适应，将保护人类生态环境，改善人类生活质量作为可持续发展的最终目标。莱斯特·布朗（世界观察研究所所长）定义可持续发展为人类增长趋于平稳、经济稳定、政治安定、社会秩序井然的一种社会发展；此外，由英国经济学家皮尔斯和沃夫德合著的《世界无末日》（1996）一书中指出在可持续的时间连续过程中，代与代之间福利的公平性被纳入社会属性中；经济属性下的可持续发展，认为作为核心的经济发展不应该以牺牲资源和环境为代价，而是将不破坏生态环境、不浪费自然资源为前提来实现的经济持续发展。这一观点在巴贝尔所著的《经济、自然资源、不足和发展》一书中充分得以体现，强调从自然资源中得到经济的净利益最大限度地增加必须在保持资源提供服务的质量和当代人不损害后代人的利益的前提下实现（彭诗言，2010）。

3. 可持续发展理论的实质

梳理关于可持续发展理论的专著和文献，可归纳出可持续发展是以公平性、持续性、和谐性、需求性和系统性等为原则（刘芃岩，2011），强调整体多维协调、公平、高效的共同发展。本书在此基础上，基于研究的多学科视角及研究内容和特点，将可持续发展理论的实质概括为以下三点：

（1）生态可持续性，是要求经济发展和社会进步必须要以保护、改善生态环境及在地球承载能力之内为前提，通过转变发展模式，解决发展与自然环境压力间的矛盾，使生态的基础作用得到充分发挥。

（2）经济可持续性，是以公平与效率，数量和质量相统一的经济增长为核心，将集约型经济增长作为主要形式，在注重经济增长数量的同时，更追求经济发展的质量，充分考虑环境成本，清洁生产、文明消费等因素，实现经济与生态效益的统一。

（3）社会可持续性，主要包括社会公平及其全面进步。通过改善人类的生存环境、提高生活质量，达到稳定、公平、自由的社会环境，使社会诸子系统之间保持平衡和协调，实现社会不断向良性发展。

因此可见，可持续发展的本质是以生态承载力为前提，以经济发展为动力，社会进步为最终目的的全面协调发展，从而实现生态效益、经济效益和社会效益协调发展。本书正是在可持续发展理论的思路下对生态、经济和社会各系统间相互动态演化过程及作用的分析，作出客观评价。因此，该理论贯穿于本书的始末。

2.1.2　协调发展理论

协调发展理论是人类社会在发展过程中对人与自然间的关系及发展模式等方面不断思考和改进的产物，该理论的思想源于古代“人地关系”“天人合一”哲学思想及“尽地力之教”（李悝，公元前455～前395年）等农业经济思想，并随着工业文明的发展而逐渐形成（张坤民，1997）。同时，该理论在可持续发展理论的不断完善中逐渐备受关注。

1. 协调发展理论的内涵

协调发展理论的内涵，目前还没有一个达成共性的定义。根据诸多学者对其内涵的阐述，将协调发展的内涵可概括为：系统或系统要素之间和谐一致、配合合理，并由低级、简单、无序向高级、复杂、有序的良性循环及不断深化的过程，最终实现总效应最优的结果（杨士弘，1999）。这一内涵包含有三层含义：一是协调发展是各个系统“共同发展、持续发展”的共同体；二是协调发展重点体现了系统间“相互促进”的作用关系；三是协调发展并不意味着系统间是简单的“平等发展”，而是一种动态多元化的发展（高波等，2006）。

协调发展理论的内涵是协调和发展概念交集的统一体。要真正理解这一理论的内涵，必须要从“协调”和“发展”这两个概念切入。协调就是通过某些手段、措施来解决和调节矛盾或冲突的一系列过程，从而使系统诸要素之间达到一种融合关系，并表现出系统是由物质、静态向全面、动态变化的一种趋势。因此，协调既是评价发展的标准和手段，也是其落脚点。基于科学发展观，协调是将以人为本作为出发点和归属点，遵循代内公平和代际公平的原则下满足当代人的物质欲望的协调，即是“以人为本”的协调。基于系统视角可以将协调由经济系统内部封闭型发展延伸到在整个生态环境及社会大系统开放型协调。按照《辞海》的解释，发展是指“事物由小到大，由简到繁，由低级到高级，由旧质到新质的变化过程”（初云保，2007）。由此可见，发展与协调相比其主体具有多样性，是系统运动的指向，更强调一种动态的变化，其中既有量变，也有质变，并且这种变化的结果具有良性发展的态势。总之，本书认为，协调发展理论是在“协调”的约束和规定下，发展不是单一的发展，而是多系统或要素的内在性、整体性、综合性、多元化的发展聚合，强调系统本身不断演化过程和结果所形成的思想理念的成果（杨士弘，2003）。

2. 协调发展理论的本质特征

协调发展理论的本质特征是数量维的发展、质量维的协调和时间维的动态持续性。该理论的三维本质特征反映协调发展是一种社会演进过程，既在社会各个领域（如经济、科技、政治、文化等）中的诸多要素及系统按一定的数量和结构相互作用而进行的由低级向高级社会演进发展的过程，这一过程具有时间性、空间性和动态性（王德发等，2005）。同时，该理论是将“以人为本”作为核心，将人的全面发展作为最终目标，强调在认识和尊重自然发展规律的基础上，充分发挥人类主观能动性，使生态、人口、经济、社会等各个子系统间相互配合、适应和促进，从而满足人的需求，推动整个社会的协调发展（姜晔等，2011；石培基等，2010）。

综上所述，协调发展理论的本质从静态看是各个系统间为实现人类的全面发展而相互作用所形成的和谐一致的协调关系及良性的发展状态；从动态看，该理论是一个具有明显时间和空间性，不同的时空下，社会发展从量变到质变动态演进过程也不尽相同。

3. 协调发展理论的应用

协调发展理论的应用范围是随着理论的不断深化在日益扩大，由单学科领域的应用逐步拓展到多学科交叉领域，特别是将技术、制度等因素纳入在该理论应用中。

单学科领域的应用最具代表的是在经济学中应用较为广泛。该理论以人类生存保障为出发点，将生态环境和自然资源作为经济发展的外生变量，通过分析经济系统内部生产、交换、分配和消费各个环节的协调，利用市场调节来实现经济增长，而对生态环境的认识仅限于其外部性，且通过政府干预，解决市场失灵的问题，并将效率与公平兼顾作为目标，从人力、物质、社会三大资本切入结合二元结构推进城乡协调发展（厉以宁，2011）。此外，该理论在环境学和地理学等领域也被不同程度的应用，通过从时空维上对生态资源的数量、质量及发展方向等方面的协调关系进行分析，得出“环境保护第一主义”、人地的相互协调关系（李坤，2004）等观点；刘晨光等（2012）从空间格局视角研究中国城乡协调发展的演化，拓展该理论的研究领域和视角；还有学者将可持续协调发展理论运用于政府合作机制、新兴产业调控机制、政府行为等方面的研究，对协调发展理论的实践性具有积极的推动意义（刘书明，2013；蔻娅雯，2013；秦绪娜，2011）。

协调发展理论在多学科交叉领域的应用是随着不同学科间交互研究的需要而

不断得到拓展。特别是从不同学科背景切入，巧妙地将自然科学和人文科学交叉结合，为该理论的发展提供积极的推动作用。最具代表的是该理论在生态经济学中的应用，将生态学和经济学有机结合，通过揭示两学科间相互作用的内在关系，从而实现生态与经济发展的最优组合。

技术、制度等因素被纳入协调发展领域，是对上述市场机制和政府作用的延伸，当面对市场失效和政府政策失灵的情况下，制度和技术手段相结合成为必然。技术是协调发展过程中的主要手段和关键因素，制度的约束和激励是协调发展的有力保障，技术的创新和有效的制度对生态保护、经济增长都有推动作用，因此开发创新环境友好型的技术对协调发展的实现就显得更为重要。

鉴于 EES 系统协调发展评价研究的需要，协调发展理论为其直接理论依据。上述内涵及本质贯穿于 EES 系统协调发展的定性分析，采用协调度、发展度和协调发展度来定量分析 EES 系统协调状态和发展水平。本书沿用了该理论在多学科交叉中的应用，可见，该理论是本书的核心理论。

2.1.3　系统理论

1. 系统理论的发展历程

系统思想源远流长，是对事物的整体性、关联性、演化发展的观念集合。系统思想的发展历程大致为萌芽、形成、发展三个阶段。

系统思想是以古代的哲学思想为契机，古今中外的思想家、哲学家均有不同程度的认识，其中南宋陈亮的“理一分殊”思想是对赫拉克利特（Heracleitus）、老子等学者观点的深化，认为“理一”为天地万物的整体，“分殊”是这个整体中每一事物的功能，试图从整体角度阐述部分与整体的关系。到 19 世纪上半叶，随着人类长期不断的社会实践，如能量转化、进化论等自然科学的发现，系统思想也随之初步形成，马克思、恩格斯认为万物世界是由无数相互关联、相互依赖制约的物质及演化过程所构成的统一整体；19 世纪后期，随着近代科学技术的进步和文化的发展，系统思想逐步由经验上升为哲学，从思辨分析到定性论述；到 20 世纪中期，系统思想日益发展，特别是应用电子计算机，通过科学的数学理论对系统各组成部分的相互关系进行精确定量的处理，这也标志着系统思想从最初的经验上升到哲学思维再发展到科学的系统思想。

系统理论源于科学的系统思想，经过剖析系统的结构和功能（包括协调、控制、演化）来客观认识物质世界而产生的理论。系统论（system theory）的创始人是美籍奥地利生物学家贝塔朗菲（Bertalanffy），他定义系统论是将事物视为一个整体或系统，并用数学模型去描述和确定其特有的结构和行为功能，并提出了系统、动态和等级观点，明确指出复杂事物功能远大于其组成因果链中各环节的简单总和，认为一切生命都处于积极运动状态。傅畅梅（2013）认为系统作为一个能够保持动态稳定的有机体，是向开放环境获得物质、信息、能量并进行交换的结果，并将其与生态文明有机结合。

系统论发展大致经历三个阶段：形成阶段（20 世纪 40～60 年代）、拓展阶段（70 年代）、深化阶段（80 年代）。

系统论形成阶段是以贝塔朗菲提出的“一般系统论”概念为标志，囊括了运筹学信息论在内的系统论，主要被应用于系统工程、系统分析、管理科学等系统科学的工程；拓展阶段最大的成就是系统自组织理论的建立，同时还陆续提出耗散结构理论（Prigogine，1969）、协同学（Haken，1969）及《结构稳定性与形态发生学》（Thom，1972）等，从不同角度对突变现象及其理论作出了系统深刻的阐述，使系统理论得到丰富和发展；深化阶段主要的成就是系统理论和系统工程定量化日趋丰富和深化，并为非线性科学和复杂性研究提供了有利的工具。最具代表的是约在 20 世纪 80 年代形成的复杂系统理论，该理论是在一般系统理论和各个学科多层次的基础上，依据系统规模大小（系统种类、个数）、系统之间及内部关联关系的复杂程度划分得出的，相对于简单系统而言，复杂系统是由繁多种类和数量的系统集所构成的具有强相关性、非线性结构和实时性的统一体。随着学科体系的完善，复杂系统理论逐步成为主流理论，此后相继提出巨系统和开放的复杂巨系统的概念和理论。

2. 系统论的特征

（1）整体性和相关性。系统的整体性是指由相互依赖的若干部分组成的有机关联的综合体，其不是各个部分的简单加总，表现出“整体大于部分之和”，通过各个部分或各层次的协调和作用，实现系统的有序性和整体性的功能；相关性是指系统与其子系统之间、系统内部各子系统之间和系统与环境之间彼此交互作用和影响，决定了系统的性质和形态。

（2）目的性和功能性。目的性是针对系统论中人造系统或复合系统所特有的特征，系统的明确目的性决定着其功能的设置，并为其稳定的结构和功能提供方向依据，但如太阳系或某些生物系统并非有目的性；系统的功能性是指系统与外部环境相互关联作用中所表现出的性质、能力和功能。不同的系统在不同的结构下具有不同的功能。可见，系统的结构对其功能的决定性作用。

（3）动态性和有序性。系统是物质及要素间的有机集合体，物质的根本的属性——运动也是系统所固有的，通过运动表现系统间及系统与外界环境进行物质、能量和信息的交换，反映出系统的特征形态、内部结构、功能的变化趋势及规律性；正是系统的动态性的变化过程是有方向性、层次性和有规律可循的随时间而变化，这种方向性和层次型及规律性即为系统的有序性特征，从而使系统趋于稳定。

3. 系统理论的应用

系统理论作为重要的分析、解决问题的科学理论依据和系统工程的核心理论，其应用较为广泛，主要应用于系统分析及评价方面。

系统分析是以探究系统要素间的相互关系及内在机理为目的而进行的相关环节及全过程。具体是将所需研究的问题定为研究对象，围绕问题的各个构成要素及其内在机理，描述其结构、属性从而得出结论。尽管不同领域的系统分析方法不尽相同，但是其分析的本质必须遵循上述过程。可见，系统分析更偏重于定性研究，是研究客体的目标与现状、计划与实施之间的中间环节。另外，从管理学的角度，系统分析是一种以人为中心，助于管理及决策的辅助技术，使决策者有效的控制和管理各个系统按预期的目标合理演进（顾培亮，2009，1991）；系统评价是在系统分析得出的理论性结论的基础上，通过模拟建模、优化评价技术进行定量实证，验证系统分析的定性结论，从而科学的拟定可行方案或策略。因此，系统理论的应用过程中，系统分析和系统评价贯穿始终，系统分析是系统评价的前提，系统评价的目的是为合理的决策提供科学的依据，可见，无论是系统分析还是系统评价在系统理论的应用研究中均占有重要地位。

本书采用的是一个典型的复合系统的评价，因此，系统理论必然是其评价的理论基础。

2.2　EES 系统协调发展概念界定

2.2.1　EES 系统

1. EES 系统及要素分析

在 20 世纪 80 年代初，由马世骏、王如松提出了生态-经济-社会（EES）系统，这一复合系统是在系统理论的框架下，结合以协调、循环、自生为核心的生态控制论的原理而产生。EES 系统是通过技术系统的中介作用将生态、经济和社会三大系统有机结合，形成一个具有多要素、多层次的复合整体（陈德昌等，2003）。

生态系统的概念是英国生态学家 Tansley 于 1935 年提出，指在一定的时空范围内，以自然环境为主体，在自然再生产过程中，以能量流动和物质循环等形式相互作用于各种生物群落之间或与其无机环境之间的一个统一有机体，以其功能直接或间接满足人们日益增长的生态需要。主要由自然生态系统和社会生态系统组成，具体由环境要素和社会要素构成，其中环境要素是由无机环境、有机环境和社会环境构成，社会要素由社会生产者、管理者等构成。由于生态系统的自我调节功能，因此其具有稳定性和动态开放性等特征。稳定性指的是生态系统所具有的保持或恢复自身结构和功能相对稳定的能力，生态系统处于稳定状态时就被称为达到了生态平衡；动态开放性是指生态系统并不是封闭、孤立的存在，而是与经济、环境、社会共同发展，彼此存在着千丝万缕的联系（陈宝明等，2012；任海等，2003；刘建军等，2002）。同时，生态系统鉴于其自身组成物质的数量的比例、空间分布规律等特性，使该系统为人类、生物生存和活动所持续提供的资源与环境的最大供容能力和生态服务能力有一定的限度，即生态承载力。总之，生态系统为各种生物的存在和发展提供生存空间和物质资源载体，是经济与社会系统发展的前提保障。

经济系统是人类利用生态环境等子系统提供的物质资料、资源为前提，以商品生产、流通、分配、消费和组织活动为特定功能，进行物质再生产，以实现经济效应最优化，来满足人们日益增长的物质和文化生活需要的系统。因此经济系统也可以概括为是人类谋求发展和福利活动及成果的统称。通常被划分为广义与狭义经济系统。广义经济系统是按照地域范围的大小和部门类别界定，具体包括亚太地区经济体系、国民经济系统、区域、部门及企业经济系统等；狭义经济系统是指在一定的自然环境和社会制度下，社会生产力和生产关系相互作用，人类从事社会再生产和各种经济活动（生产、交换、分配和消费）及组织方式、制度和机构体系。经济系统通常包含具有特定结构和完整的功能的经济结构、经济总量、经济发展等方面，为其他子系统的完善提供了物质和资金的支持，也是EES系统的核心发动机和动力支撑。

社会系统最早是由孔德和斯宾塞等人提出，他们认为社会是一个有机开放的系统。将社会系统作为学术范畴最早研究的是美国社会学家帕森斯，他在《社会行动的结构》（1937）和《社会系统》（1951）中分别阐述了社会系统的一般理论和行动理论，认为社会系统是一个以人参与为主导的复杂开放巨系统，这一系统具有种类繁多的要素集、错综复杂的关系层、功能多样的目标等特征。马克思认为社会是通过生产力和生产关系间不断适应，更替演进的一个有机整体。诸多学者在前人研究的基础上，对社会系统重新定义为：通过社会形式将社会主体组织起来从事各种社会活动，所发生的人与自然环境之间、人与人之间的物质、能量、信息的交换，满足人类自身及社会全面发展的有机体。社会系统与其他一般系统的最大的不同是其将人作为最重要、最活跃的因素构成社会服务体系。该体系将提高人的综合素质作为基点，强调人与人之间的参与、支配及交流等关系，以社会系统的质量作为关键，实现人类自身的需求。因此，社会系统是人文科学教育、社区基础环境及秩序、医疗保障等人流、物流、信息流的动态集合。

2. EES系统的特征

（1）复杂性。EES系统是一个动态、开放的复杂巨系统，所受的影响因素众多，相互作用形式多样。具体表现为各个组成要素在系统之间循环运行及交换过程会受到各种模糊、随机或非线性因素的扰动，使系统间的关联关系（如线性与非线性联系、稳定与不稳定联系、单向与多向联系等）相互依存交织，当整个系统处于混沌、模糊或无序状态时，系统信息出现不确定性和不完全性，更增加了系统的复杂性。

（2）开放性。EES 系统内具有一定空间和功能结构的物质、能量与信息结构等与外界进行交换、传递时，当外界对内部的作用力增加到一定限度的临界值时，其旧结构将演变为新结构，为系统产生协调状态提供客观条件。因此，EES 系统是一个存在非线性关系及涨落现象的耗散结构的开放系统。

（3）共生性。共生性是指独立主体的人类之间和人类与自然共同存在的一种统一的协调合作关系，其本质是强调复合系统中互依、互惠的关系（沈清基，2012）。同时，共生性不仅包括同质性，也包括异质性，是多样异质性的融合，正是共生性的共同存在体间相互认可，相互需求，使得系统间的相互作用既有合作又有竞争，并通过在竞争中加强合作，实现各种关系间的良性循环与发展（史莉洁，2006）。

（4）自组织性和人的参与性。EES 系统是自然系统与人工系统相结合的人地复合系统，也是生态系统的自组织现象和人参与的他组织作用的结合体，其表现为一个自构与被构相结合的发展过程。自组织性是系统存在的一种形式，表示系统的运动是以其内部的矛盾为根据、以系统环境为条件，不受特定外来干预的自发性运动，是一种通过竞争、涨落和子系统内部相互作用而形成的相对稳定的系统状态，也是系统维持自我稳定和自我发展的基础。因此，当 EES 系统自组织能力高于干扰强度（内部或外部、可预期或不可预期等），系统仍能正常运行。然而，一旦 EES 系统的自组织能力小于干扰强度，就会使系统的功能结构受到影响，甚至根本性的改变其发展方向及性质（李博，2010；魏宏森等，1995）。面对 EES 系统的自组织性受到破坏时，人的参与性便发挥其作用，即人的价值观念、决策手段等成为 EES 系统协调发展的关键因素。

2.2.2　EES 系统协调发展

1. EES 系统协调发展的内涵

EES 系统协调发展是将协调发展的内涵放置于生态、经济与社会复合系统中，通过 EES 系统内部在时间、空间、数量、结构等方面组成的相互关系，及系统间相互作用机制决定 EES 系统协调发展演进的方向。将其内涵可以概括为三个层次：一是指子系统各个组成要素间协调发展。具体表示各子系统的构成要素在数量、时空、性质、结构等方面形成合理的比例搭配，使各种要素按照一定的方式相互依存相互作用，朝着理想状态演进，实现每一个子系统的构成要素间的最优组合；二是生态、经济、社会子系统间相互协调发展，既生态-经济系统、生态-社会系统、经济-社会系统各自实现协调发展，更强调子系统两两之间达到和谐统一的关系；三是子系统与总系统间协调发展。EES系统协调发展是以三个子系统的整合为基础，不单一是子系统的各自最优或三者间的简单加总，而是彼此间相互作用与反作用达到整体、综合、内在的最优化协调发展。

2. EES系统协调发展的特征

EES系统协调发展的特征是在具备EES系统的特征基础上，结合协调发展的特征概括得出。

第一，整体性和多层性。整体性是指EES系统中的各个要素及子系统间相互关联构成一个有机整体，其数量、结构、功能等在EES系统中共生共存，相互作用，任何一个组成要素或子系统的不协调都会限制和约束整个EES系统的协调发展。其整体特征具体表现为经济持续发展基于系统良好平衡的生态环境、丰富充足的资源供给、科学先进的技术研发和稳定安全的社会氛围，同时经济的飞速发展无疑对生态建设及环保、科教事业、社会公共事业建设等提供有力资金支持和保障，社会进步既是生态平衡和经济发展的共同结果，也是为二者提供良好的社会环境。可见，EES系统中各个子系统的交互关系的整体统一性、多层性主要表现在三个层面，一是从EES系统的空间范围可以大到全球、国家，小到区市县等不同区域等级的协调发展；二是从EES系统的构成内容表现出多层次的结构，如生态子系统包括气候气象、土地利用、水土流失等，经济子系统有经济总量、经济质量和经济结构等，社会子系统包括人口结构、社会结构、社区发展、人民生活等要素构成；三是从EES系统协调发展水平可以划分为协调发展、亚协调发展、失调衰退等不同协调程度的层次。

第二，动态性和持续性。动态性是指EES系统按照“路径依赖”（path dependence）的思路（皮尔斯，1996），在各组成要素的时空结构、功能结构、内在关系不断发展变化的作用下，各系统间相互依赖、相互适应、相互制约，并受外在因素的“扰动”影响下，是一个从非协调发展到协调发展再到非协调发展不断循环转换的非均衡变动过程，也是一个由无序向有序、由低级向高级逐渐调整发展的演化过程，理想状态是趋近并达到均衡，这个过程处于“动态平衡”之中；依照EES系统的复杂性特征和上述动态演变的过程充分表现出其具有持续性的特征。EES系统循环动态演化的过程就是一个由量变到质变持续的过程，并具有明显阶段性。

第三，可控性和目标性。可控性是指EES系统在以自身内在恢复、调节能力为基础，强调外在因素的调节和控制作用，具体是遵循协调发展规律，制定及采用可行、长效、灵活的关于生态、经济、社会方面的宏观政策制度、措施等，从而对 EES 系统进行动态、长远的规划调控。这种通过从外部引进积极的正向"扰动"因素，最大限度的激活 EES 系统协调发展的各个有利因素，促进 EES 系统实现协调发展是可控性的核心。目标性可以划分为过程目标和最终目标两类，过程目标是指在不同的协调发展阶段，其具体目标所要求的 EES 子系统的比例关系是不同的，会随着具体目标的变化而不断变化。因此，过程目标的实现应当以所处阶段的实际状况为出发点，针对性的制定相应的措施，发挥可控性的作用。最终目标是追求各个系统效益和 EES 系统整体效益的最大化，最后达到经济学中的帕累托均衡。

2.2.3　区域 EES 系统协调发展

1. 区域 EES 系统协调发展的含义

区域 EES 系统协调发展的含义是基于 EES 系统和其协调发展的含义，结合区域的地理及自然禀赋等客观条件，依据区域整体发展态势和规律，通过充分发挥各子系统构成因素之间的积极关系，弱化并消除其消极关系和影响，从而改变生态、经济和社会之间单向索取性发展模式，寻求一种适宜区域协调、互惠的双向性发展模式，实现 EES 系统整体效益最佳。

1）学术界对区域 EES 系统协调发展内涵的认识

根据对相关文献的归纳概括，学者们从不同的视角切入，对区域协调发展内涵的认识也不尽相同，主要有以下几类认识：从静态的角度定义区域协调发展是指一种表征在特定的地域范围内 EES 系统相互关联、适应、促进以及区际关系等和谐发展的"状态"（许传阳，2013；王红梅等，2011；盖凯程，2008；吴超，2003；蒋清海，1995）；从动态的角度定义是在各区域对内对外开放的条件下，区域内部各种复杂的物质、信息、技术、人口以及能源相互依赖与制约、竞争与合作的过程，同时还包括区域差异、区际关系等一系列的变化"过程"（刘德军，2013；王文锦，2001）。由此可见，区域 EES 系统协调发展的内涵是状态和过程的集合，通过静态和动态全面的认识和理解其内涵及演化机理，协调解决系统间冲突，探索一种发展战略或模式，实现区域利益同向增长，缩小区域差距；从区域差距问题为切入，认为区域差距扩大的实质是公平问题，区域发展程度是效率问题，因此，将解决这一问题归结于协调公平和效率的关系（杨荫凯，2013；金荣学等，2007）；从行政手段的角度切入，认为区域协调发展是以实现区域生态平衡、经济高效增长和社会全面进步为目标的一种非均衡发展-均衡发展-非均衡发展循环的动态发展战略或模式，这一模式使区域间的发展差距控制在合理适度的范围内并逐渐趋于收敛，达到区域内部及区际协调互动、共同发展（陈秀山，2006）；施卫华（2013）认为无论是发达国家还是发展中国家，协调发展是各个系统非平衡普遍现象的演化目的，只有通过行政干涉，政策倾斜，才能实现区域的协调发展；从解决途径切入，蔡思复（2007）认为调节产业分工和利益关系是解决协调发展问题的主要途径，实质是从不平衡发展中求得相对平衡，提出建立和发展合理的区域产业分工体系；尤济红（2013）认为强化区域内部及与外部间的协作关系是实现区域协调发展的关键，区域内应充分利用其自然禀赋，发挥比较优势，区域间应加强优势互补及合作，通过区域内外的协调合作，实现更大区域的协调发展；彭荣胜（2012）认为实现区域整体良性循环发展的态势是对经济空间和区域差距从时间纬度的可持续性和空间维度上的传递性及结构优化性来解决。

2）本书对区域 EES 系统的协调发展概念的界定

本书定位 EES 系统协调发展是一个属于中观范畴的概念，是将协调发展理论作为本书的宏观基础，以黄土丘陵区域这一特定的空间范围为研究尺度，将其特有的生态环境、资源禀赋、人口状况、经济和社会等各个子系统分别作为结点，构成了一种相互联系和相互作用的综合系统网络结构。在这种关联结构中，以人口结构和社区进步作为驱动因子，通过生产生活活动直接或间接作用于生态环境，由于能源禀赋优势，能源开发是该区域获取物质收益的最主要方式，同时也对该区域生态系统造成很大压力，通过生态治理和经济结构调整的具体措施从而影响生态环境、经济质量、人民生活，改变区域现状，寻求互惠共利、相互依存、结构合理的区域发展模式，实现区域的生态、经济与社会系统向更高层次演进，形成协调良性的循环发展态势。

2. 区域 EES 系统协调发展的特征

区域 EES 系统协调发展的特征是在系统及协调发展的特征基础上，关注区域生态、经济及社会系统的特征，即地域差异性。形成差异性既有客观区位条件、资源禀赋、外部条件的差异，也有主观社会经济条件（人口质量、政策制度）等方面的差异。这一特征要求要实现区域 EES 系统协调发展就必须符合当地的自然环境特点和发展阶段特点，重视生态、经济、社会长期综合效益，制定科学合理的区域规划，加强制度建设，扬长避短，不断改进，缩小区域差距。此外，还具有空间结构层次性特征。按空间范围可将区域 EES 系统协调发展分为县域、城市、几个相邻省市的区域等，甚至是更大范围的国家、国际、全球等的协调发展。不同的空间范围，空间要素的数量和结构也不同，所构成的系统功能也不同，就会自然形成区域的差异性。由此可见，区域 EES 系统的空间结构和功能结构对区域 EES 系统协调发展有重要的作用，只有将不同空间层次系统的功能结构和谐统一的相互关联，形成有序的、多层次结构的统一体，才能真正实现区域 EES 系统协调发展。

2.2.4 EES 系统协调发展的内容体系

1. EES 系统结构协调发展

EES 系统的结构协调发展是指生态、经济、社会各个系统及其构成要素间相互关联、渗透、制约、促进而构成的复合结构系统，具体包括生态-经济结构、生态-社会结构、经济-社会结构、生态-经济-社会结构等。结构协调发展是通过对各要素进行合理的分配和组合，各子系统结构进行适当调整，并在调整过程中，求同存异，尽量减少相互利益摩擦所带来的负面效应，使彼此间的关联关系强弱得当，系统结构合理，组合方式优化，具体表现为生态结构合理、经济结构优化、社会结构完善的 EES 系统结构协调发展体系。

2. EES 系统功能协调发展

EES 系统功能协调发展是将功能特征不一、重要程度不同的各子系统通过对其最优组合和协调，最大限度的削弱系统间相互作用的负面效应，实现整体功能最优（王玉芳，2005）。功能协调发展主要是通过子系统功能的强弱来影响整体功能的发挥，一般在 EES 系统中生态功能、经济功能和社会功能同时得到最大化发挥的概率很小，要实现 EES 系统整体功能的最佳协调发展，就必须对各个子系统在有所侧重中，坚持主导功能，兼顾其他功能，寻求综合平衡，即称为主导功能分异性的协调。

3. EES 系统目标协调发展

目标协调发展是总目标与子系统目标之间产生的一种互补、一致的协调目标，也是 EES 系统协调发展的根本目的。依据复合系统的多种反馈控制机制，纠正或减弱片面、不协调的子目标，最大程度使各子系统产生一种“合目的”同向协调。生态子系统实现平衡的过程中也能带动经济增长和推动社会进步，寻求经济发展的同时要以生态承载力作为约束条件和生态功能融为一体，并为社会进步提供资金支持，社会子系统为经济发展和生态建设提供良好的社会环境和公共服务，由此可见，目标协调发展是各个子系统在实现各自目标的同时协同向生态、经济与社会效益一体的目标收敛，促成一个完善良性运行的 EES 复合系统。

4. EES 系统时空协调发展

EES 系统时空协调发展从时空纬度实现 EES 系统的协调发展。每一个系统都处于一定的时空环境中，EES 系统空间协调是指生态、经济与社会发展在不同的区域空间和不同部门空间组合的规律及相互渗透、制约、促进的关系；EES 系统时间协调是指 EES 系统从协调到不协调再到协调的一系列演变的时序周期过程，具有时间的不可逆性，同时也包括 EES 系统基于不同的利益结构在当代人之间、当代人与后代人之间的协调和发展。总之，EES 系统时空协调发展的实质是 EES 系统在将空间差异性和时间波动性融合的相互协调发展的过程。

2.3 EES 系统协调发展的内在机理分析

2.3.1 EES 系统协调发展机理理论分析

1. EES 系统协调发展机理的内涵

（1）机理（mechanism）一词原表示机器的内部构造和运作原理，后来将其广泛应用于经济和社会领域的研究，用来表示系统各构成要素之间相互关系和作用方式。EES 系统的协调发展机理，是关于阐述区域的生态、经济与社会系统中各子系统之间相互依存、制约等关系所遵循的相应程序与规则，具体是通过 EES 系统内部的协调和竞争关系直接影响复合系统综合功能的强弱，若子系统间呈现“内耗大”，协调关系不显著，则弱性综合功能导致整个系统呈不协调状态；反之亦然（杨涛等，2006）。

（2）EES 系统协调机理的类型。根据 EES 系统协调的内涵及特征的多面性，其机理的类型也可以分为多种，从空间范围可分为内部和外部协调机理。内部协调机理主要作用于 EES 系统的各个子系统间；外部协调机理是某一区域与该区域以外的其他区域的协调规则；内部协调机理是 EES 系统协调发展的基础，外部协调机理则为其提供良好的外在环境。依据区域等级层次将 EES 系统的协调机理包括同级区域和不同行政单位之间的协调程序及规则。从协调发展的内容可将 EES 系统协调发展机理分为结构、功能、时空和目标等；从 EES 系统协调发展的主体可以分为自我协调、人为外力协调和混合协调（刘晓静等，2013）。自我协调机理是 EES 系统的各个子系统之间的合作与发展依据按照各自子系统的特征和发展规律所建立的，有章可依，摒弃协调发展中的人为主观随意性；混合协调机理是制度化协调和非制度化协调相结合，依据实际需要而确定协调的方式。非制度化协调机制不是以法律强制性来约束组成要素，而是以利益为桥梁，来协调和处理各要素间的关系。相比而言，执行性和规范性是制度化的协调机制的特性，使协调程序和规则更加明确有力。总之，上述 EES 系统协调机理的多种类型是相互依存的，在不同的具体表现形式下其优劣也各不同。因此，应从区域发展的实际情况出发，采取两者结合的办法，发挥混合协调机制灵活性强的优势。

2. EES 系统协调发展演化条件

刘文斌（2012）认为 EES 系统协调发展演化需要具备三个条件：一是子系

统之间具有内在联系。以物质、能量的转化贯穿于开放的 EES 系统中，生态环境作为经济和社会发展的基石和载体，经济发展是为完善生态平衡和社会进步提供资金来源和保障，社会进步是生态环境的改善与经济持续发展目标，正是这种系统间相互非线性制约和影响的内在关联为协调发展演化提供必要条件。二是 EES 系统中各个子系统在要素、形式、功能上均具有明显的异质性。自然环境、自然资源等为核心要素的生态服务系统是生态系统的主体，其主要是依靠自组织性发挥其基础性功能；经济系统主要是以生产要素中最活跃的要素-劳动力为核心，在进行各种生产和生活的经济活动中来发挥其主导功能；社会系统作为人类社会最大的系统，是经济、政治、文化功能于一体的系统，也是目的性系统，其为生态系统和经济系统提供社会环境和技术支持，正是这种异质性成为子系统间协调发展演化的内在牵引力。三是 EES 系统内部随机涨落是协调发展的先决原因。在不同发展阶段下偶然、随机的涨落的作用也不同。在近似平衡的状态下，涨落使系统状态暂时偏离，随之不断衰减，便回到稳定状态。而在远离平衡的状态下，系统中涨落的随机性是通过扩大系统内各要素间的非线性耦合作用，产生“巨涨落”，使系统演化向着积极有效地方向发展，形成一种新的稳定有序状态。可见涨落是 EES 系统发展的决定性因素，使协调发展演化具有客观性。

3. EES 系统协调发展机理的内容

EES 系统在实现协调发展目标的过程中，受到自然、人文、客观、主观、历史、现实、直接、间接等多种因素的影响，其不仅受限于各子系统之间相互关系能否沿着互惠共生的协调路径，更多的是取决于设计与构建有利于 EES 系统实现高效、协调的均衡发展模式的良性运行机理。有效性的分析协调发展机理是掌握其内在规律的关键方法，本书介绍三种 EES 系统协调发展的运行机理（图 2-1）。

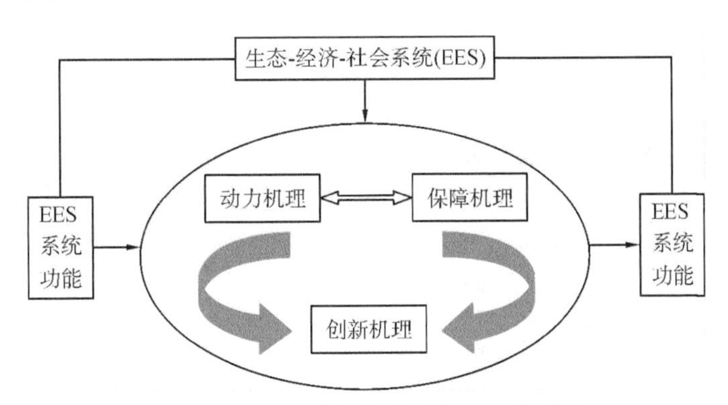

图 2-1　EES 系统协调发展机理运行示意

（1）动力机理。动力是普遍存在于任何事物发展变化的基本作用力，EES

系统动力机制是基于生态学的规定，并隐含经济学和社会学等方面的解释，将包括有自然动力、经济动力和社会动力的推动 EES 系统向着稳定、有序化方向发展变化的各种本质力量统统概括为动力机理。其中自然动力机理是指构成 EES 系统的各种自然要素相互作用所产生的一切自然条件或自然因素的各种力量统称，是一种自我调节机理，也是自然界的再生动力，其核心是对人类经济活动作用过程中所产生的自然生产力，为人类基本生存提供前提条件；经济动力机理在人类谋求生存与发展的驱动下，为了追求经济利益所进行的一切经济行为或经济运行与发展的动因。经济利益是以人类需要为基础，以供人类生存发展的物质资料为主要载体，是不以社会经济形态为转移的人类必然行为，也是经济动力的核心；社会动力机理是以人的实践活动和实践关系为内容，在人类生存与发展的需求、利益、劳动的过程中形成的经济、政治、文化等交互作用，其根源在于人的生存与发展需要一系列生产活动和经济交往、政治活动和政治交往、思想文化活动和精神交往，只有在不断满足人类更高的需求中，才能实现人的全面自由的发展，使人类的主观能动性在发展社会生产力、促进科学文化、技术革新和社会制度等方面充分发挥，增强社会的内在动力。

（2）创新机理。创新机理是借助具有革新、整合、拓展等功能，通过技术研发、运行方式、政策制度等中介，对 EES 系统的内在结构、演变方式及其与外在环境间的联动关系进行作用，限制并转化发现和确认的限制因子，同时，最大限度地吸收、创造有利于 EES 系统协调发展的新技术、新思想、新观念及新模式，这一过程就是创新机理运作的过程。EES 系统协调发展目标的实现正是这种创新不断发生的必然结果，这也是保持 EES 系统的持久生机活力的必然途径。

（3）保障机理。EES 系统涵盖的各个子系统决定了保障机理所涉及的范畴，是一个多元化保障机理。在生态系统中，保障机理侧重生态源头严防、过程严管、后果严惩的相关制度保障和保护、治理的法律保障等；在经济系统中，保障机理贯穿经济活动始终，具体包括有以产业、市场为主导的制度保障机理，以执行、监督和法律为手段的调控保障机理；在社会系统中，社会保障机理（信息服务保障等）是对社会成员的基本生活权利给予保障的社会安全制度安排，一般包括社会保险、社会救济、社会福利、公共医疗保健等几个方面，为保障社会成员的权利、机会、规则、分配等公平起到重要作用，更为社会的安定和谐环境提供有力保障。

2.3.2 EES 系统协调发展机理相关性分析

从系统论的观点看，EES 系统是由多因素、多结构、多变量的生态、经济与社会子系统组成，EES 系统及各个子系统之间包含着复杂的关联关系（图 2-2）。

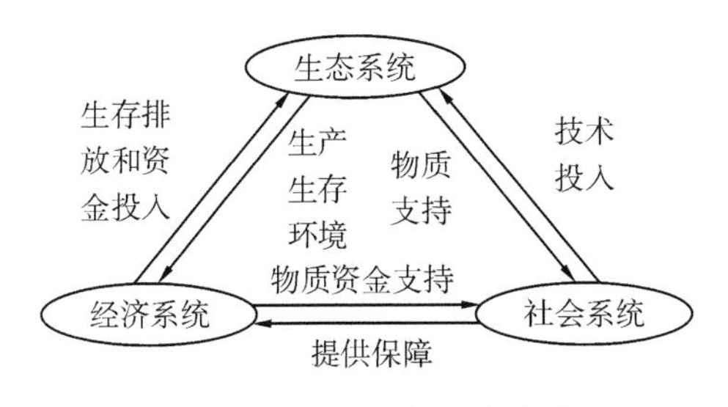

图 2-2　EES 系统相关关系

1. 生态-经济系统

生态-经济系统之间的相互关系可以归为促进和制约两种。相互促进作用具体表现为：首先，生态平衡是经济发展的基石。生态平衡是生物圈中生物维持正常生长发育、生殖繁衍的根本条件，通过提高资源的再生能力，促进生态资源的良性循环，这为人类生存和各产业发展提供适宜的环境条件和稳定的物质资源(谈存峰等，2013)。其次，经济发展是生态平衡的驱动力。经济的发展不但为生态建设、环境保护提供物质和资金支持，利于生态环境不断完善，资源合理利用，而且为研发环保技术、深化环保产业、提高环保意识提供强有力的支撑保障。

相互制约关系具体表现为：生态系统作为人类赖以生存的空间，生态系统的质量直接关系到人类生存和生产活动及身心健康。当生态资源枯竭、生态环境恶化问题出现，人类健康受到严重危害，正常生存和生活会受到直接影响，一旦经济系统中最核心的因素即人受到危害，经济发展就难以得到保障，社会将蒙受巨大经济损失；同时，经济系统对生态系统也具有反作用，高投入、高成本、低产出、低效益的粗放型的经济发展模式及半掠夺式经济发展模式，只是片面追求经济增长，便会造成生态资源过度开发，利用率低，生态环境遭到污染和破坏。

综上所述，生态-经济系统间是相辅相成的辩证关系。生态环境良性循环是经济发展的必要条件，经济的发展要在生态承载能力内，发展绿色集约型经济发展模式，为更好的持续生态修复提供保障，从而实现生态-经济的协调发展。

2. 生态-社会系统

首先，人类社会应同生态环境相适应。尽管生态系统的原生状态会在人类社会的外在“扰动”力下发生偏离，但只要社会系统的外在作用是在生态系统的承载能力范围内，符合自然规律，并发挥社会系统多样性文化等功能，从而有意识地限制所产生的偏离，尽量与千差万别的生态环境相适应，从而实现社会系统与生态系统相互协调发展。其次，人类社会要与生态环境相互制衡。社会系统中以人为核心要素决定了人类的价值取向和生计方式同生态系统间存在改造和顺应两种制衡力量，特别是社会系统中受传统文化的影响所形成的价值趋向对生态系统的保护有积极作用。例如，在中原人们的生活习惯和价值标准中视害虫、杂草等物种为有价值的资源，正是这种价值取向保留了原有的物种多样性，使当地生态系统稳定延续成为可能。并且传统的生计方式以倡导顺应生态环境为主，而“现代文明”的生计方式更倾向于对生态系统改造。无论是改造自然还是顺应自然，只要具有深刻的认识和成熟的技术体系支撑，符合自然规律，都会利于生态-社会系统的关系。此外，社会认同在根深蒂固的影响和时代延续传承的价值和行动取向的力量下对生态-社会系统间的关系也发挥着不可忽视的功能，尤其是一个有稳定未来预期和高度社会认同的地方共同体，出于其对地方性知识的深刻认识，为选择适当的方式维护当地的生态环境注入新的社会动力。

总之，在生态-社会系统的相互作用关系中，生态系统为社会系统发展提供基础，社会系统反作用于生态系统，可能适应生态系统，可能改造生态系统，只要顺应生态系统自身的规律，合理的改造和适应都会促进生态系统的进化，最终实现生态与社会系统的协调持续发展。

3. 经济-社会系统

经济是社会进步的保障和关键，社会进步是经济发展的出发点和归宿点，经济正是以实现社会的全面进步为初衷而不断发展，同时经济发展的落脚点也正是人类生活质量和综合素质的全面进步。因此，经济-社会系统间的相互关系可以形象地比喻为形与神的关系，将经济比喻为“形”，社会发展则是“神”，只有两者兼备，才能使经济-社会系统间的关系真正协调发展；社会发展为经济发展指引方向，是经济发展的环境条件和重要保障。经济发展离不开安全的政治法律制度体系，良好的文化教育体系、健全的社会保障等条件的维护和支持，缺失了这些“非经济”性的社会发展，经济发展将失去基本的维持条件。

4. EES 系统

EES 系统是生态-经济-社会三个子系统构成的有机复合系统，通常简单地用 $Z=f(E、E、S)$ 表示这一复合系统间紧密的相互作用、相互协调、相互制约的关系，即 EES 系统用函数 Z 表示，EES 分别表示生态系统、经济系统和社会系统。在上述两两系统间关系阐述的基础上，三个子系统间的关系综合表述为：一是生态系统是经济发展和社会进步的环境基础，它为人类生存、生产生活等活动以及人类活动与自然界的物质、能量循环提供生态环境，生态系统的稳定与否直接关系到经济与社会的发展；二是经济系统是生态平衡和社会进步的物质保障和动力支撑，经济的发展为生态环境的保护、优化和社会进步提供足够的资金投入和物质基础；三是社会进步是生态平衡和经济发展的共同成果及最终目标。在实现社会进步的社会活动中，必须遵循生态环境的自然规律，在生态和经济系统的共同作用下，社会进步为生态和经济的发展提供良好的社会环境和保障，只有社会稳定、和谐，生态系统和经济系统才有实现协调发展的可能。总之，EES 系统之间的相互关系非常复杂，并且彼此间相互作用，正是这种关联关系使各个子系统彼此间在演化过程中不断地向更协调的方向发展变化，这也是 EES 系统协调发展的关键和动力。因此，对 EES 系统协调发展的内涵界定及相互关联内在机理的分析是 EES 系统协调发展实证研究的必要前提。

第3章 生态修复对黄土丘陵区EES系统的影响分析

黄土丘陵区在其生态修复过程中通过自我修复和外在人为的扰动和治理的共同作用下，对该区域的生态自身及经济与社会都有不同程度的影响。在西部大开发实施的背景下，黄土丘陵区面临诸如水土流失、经济结构失调、社会发展滞后等一系列生态及经济社会问题，鉴于此，国家在黄土丘陵区实施了以“退耕还林”为代表的一系列生态修复工程，其中，退耕还林政策的实施是该区域生态修复工程中规模最大、治理时序最长、任务量较大且最具有代表性的生态修复工程。实践证明，该项生态修复工程无疑是黄土丘陵区生态修复最大的驱动力，其不仅对生态环境保护、生态意识和参与能力等产生了重要作用，而且对进一步有力转变区域经济结构调整有巨大的推动作用。

为了更突显生态修复中退耕还林政策对黄土丘陵区生态-经济-社会的影响，本书将以1999年退耕还林政策试点推行实施年作为生态修复工程的分水岭，在1997～1998年为生态修复前，1999～2010年为生态修复后，将退耕还林工程大致分为四个时期：试验时期（1999～2000年）、正式实施（2001～2003年）、基本结束（2004～2005年）及恢复时期（2006～2010年）。鉴于黄土丘陵区域中的延安市的志丹县与榆林市在实施该项生态修复工程的一致性，将两地作为研究区域，并对其进行统计描述性分析，通过对生态修复的前后对比，初步得出退耕还林这一生态修复工程对黄土丘陵区生态系统、经济系统和社会系统的影响。

由图3-1可以看出，研究区域1997～1998年退耕还林面积很小，与最大规模实施期相比，可视为没有进行生态修复，而从1999年试点开始实施，到2003年随着国家退耕还林政策的深入实施，退耕还林规模和任务量均达到最大，志丹县和榆林市分别占到黄土丘陵区总退耕还林面积的18.4%和17.2%。而到2005年以后退耕还林逐步进入巩固现有成果时期。2010年研究区志丹县与榆林市退耕还林占黄土丘陵区总退耕还林面积的3.4%和5.6%。

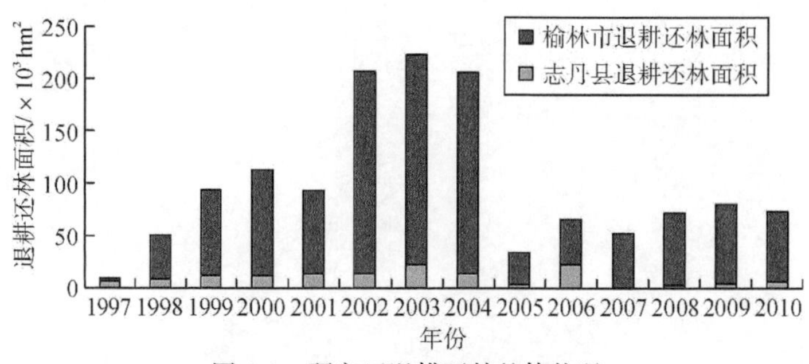

图3-1 研究区退耕还林整体状况

3.1　生态修复前区域EES系统的状况

3.1.1　生态系统

1. 植被覆盖率

植被覆盖是黄土丘陵区生态系统中的主要要素，其不仅直观反映该区域的水土流失状况，而且也是影响区域生态质量的关键因素，因而关注研究区植被盖度率的变动趋势对客观评估该区域整体生态系统现状有着重要的作用。

在生态修复前（1997～1998年），志丹县植被覆盖率变化甚微，仅增加1.1个百分点（表3-1），与此同时，榆林市在植被覆盖率整体低于志丹县的同时，其增幅更小，几乎接近零增长。由此可见，在退耕还林政策实施前，研究区的植被覆盖比率整体较低，并趋于水平零变化状态。

2. 年降水量

降水量是衡量生态系统中最基本的要素——土壤含水量的主要指标之一，其变化对区域水土流失及植被生长等方面都有极其重要的作用。通过统计研究区的各个气象站观测的降水量资料，结果表明（表3-1），1997年到1998年研究区域年降水量总体偏低，其中榆林市的年降水量相对稳定，而志丹县年降水量增幅略大。

3. 水土流失率

由表3-1可见，水土流失是黄土丘陵区面临的最主要的环境问题，不仅造成生态环境恶化，也制约着区域生产力水平及经济发展的速度。在生态修复前，志丹县与榆林市的水土流失率均处于最高峰，且均高于1997～2010年14年的均值水平，严重的水土流失使研究区土地日益贫瘠。

表3-1　生态修复前研究区生态状态

研究区域	年份	植被覆盖率/%	年降水量/mm	水土流失率/%
榆林市	1997	18.67	400.68	92.56
	1998	19.12	412.35	86.22
志丹县	1997	34.60	317.00	88.70
	1998	35.70	456.00	86.40

3.1.2　经济系统

反映经济系统的指标有很多，通常对其从经济总量、经济质量、经济结构三个方面进行分类。经济总量中包括地区生产总值、粮食总产值、地方财政收入等；经济质量具体是指三大产业的增长率和居民人均收入等；经济结构强调三大产业所占的比重。

1997～1998年，志丹县与榆林市从经济总量分析，地区生产总值、地方财政收入、粮食总产值、石油收入等均处于最低值，且增幅微小，经济总量处于较低水平；从经济结构分析，其三大产业结构比重分别是第一产业＞第二产业＞第三产业，第三产业的比重所占甚小；从经济质量分析，三大产业的增长率增幅很小，居民人均收入是多年的最低值。由此可见，生态修复前，由于生态环境的制约，志丹县和榆林市呈现一致的经济状况，经济发展总体处于低水平，经济发展缓慢。

3.1.3 社会系统

社会系统涵盖很多方面，诸如人口情况（人口自然增长率、人口密度、从业人数等），社区发展及人民生活（恩格尔系数、人均居住面积、公共设施服务水平、社会保障人数、就业结构等）。1997～1998年，志丹县和榆林市从人口情况看，人口增长率较高，人口密度较大，在社会结构中最为突出的是第三产业从业人数较少，尤其是人均住房面积、学校数量和卫生技术人员人数均是最少的时期。由此可见，在生态修复前，志丹县和榆林市的社会发展整体处于较低水平，发展速度极其缓慢。

3.2 生态修复后对研究区EES系统的影响

3.2.1 对生态系统的影响

1. 植被覆盖率

志丹县和榆林市的植被覆盖率总体变化趋势呈稳中缓增，大体可划分为缓慢增加阶段（1999～2002年）、快速增加阶段（2003～2006年）、稳定增加阶段（2007～2010年）三个阶段（图3-2），其中，最为显著的是2003年与退耕还林实施前相比，植被覆盖率增幅达到最大18.2%，2006年逐步增速放缓，这与退耕还林进入巩固阶段相吻合，但随着时间推移，实施成果的生态效应逐步显现，植被覆盖率稳中有增。由此可见，植被覆盖率增加的幅度和速度与退耕还林实施规模及时间呈明显的正相关关系，退耕还林政策对生态修复有着重要的影响作用。

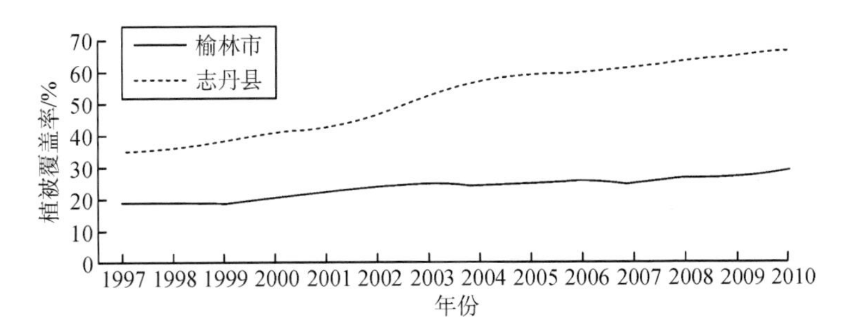

图3-2　研究区植被覆盖率的变化情况

2. 年降水量

榆林市和志丹县1997年到2010年14年间年平均降水量分别为390mm、458mm。其中榆林的年降水量整体变化相对平稳，2002～2005年降水量较为充足，保持稳定态势，而2000年、2007年相对有所下降（图3-3），其余年份年降水量均高于14年平均降雨量；志丹县除2005年、2008年之外，其他年份的年降水量均高于14年均值。可见，退耕还林实施的大规模时期，降水量相对充足，但是由于降水量所受的影响因素复杂，因此，退耕还林政策的实施与年降水量有一定的关系，但是规律性并不明显，其随机波动较大。

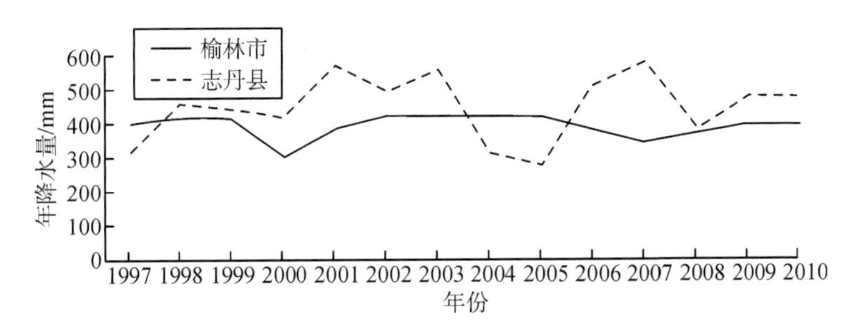

图3-3　研究区年降水量的变化情况

3. 水土流失率

1997～2010年研究区的水土流失率整体呈波动式下降趋势，榆林市和志丹县水土流失率的均值分别为74.98%、73%。其中，2004～2010年水土流失率均低于14年的均值水平（图3-4），而该时期正是退耕还林从大规模实施到巩固时期的过渡阶段，2010年与生态修复前1997年相比，志丹与榆林水土流失率下降分别为19.2%、28.9%，充分说明，生态修复的功能逐渐发挥其作用，使水土流失严重的问题得到一定的缓减。

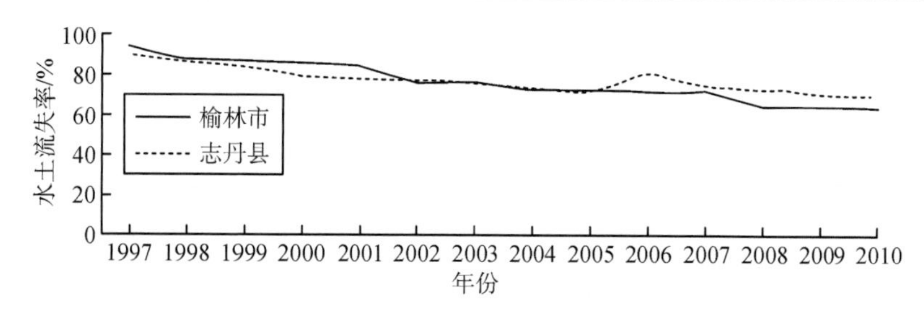

图 3-4　研究区水土流失率变化情况

3.2.2　对经济系统的影响

1. 对经济总量的影响

由图 3-5 可看出，志丹县地方财政收入和粮食总产值呈稳定增长，且增幅较小，相比而言，地区生产总值呈波动式折线上升。其中，在 1999～2003 年平稳增长的基础上，以 2004 年作为拐点，增幅和增速迅猛增加，到 2008 年到达最高峰，2009 年有所下降后迅速恢复上升趋势。与生态修复前相比，志丹县 2011 年的生产总值是 1997 年的 41.2 倍，这不仅与当地石油产业对经济的贡献有关，也与退耕还林政策的实施紧密相关，在大规模的生态修复过程中，对生态环境改善的同时，带动一些相关产业，尤其是对一些坡耕地的整合后，土地利用效率和生产能力显著提高，对提高粮食产值有积极的推动作用，尤其是林业产值对生产总产值的贡献大大提高。

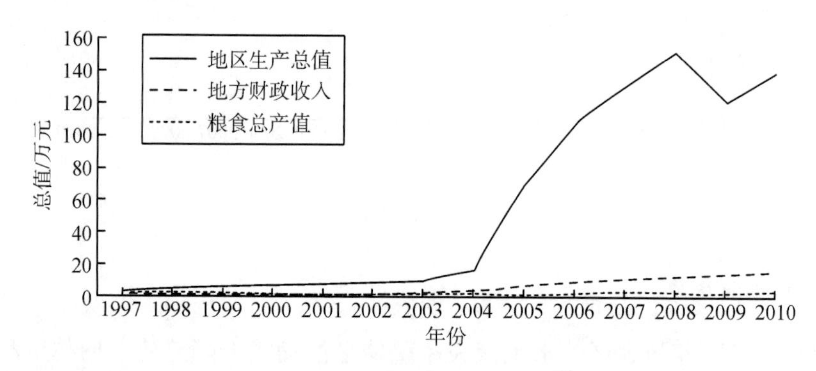

图 3-5　志丹县经济总量的变化情况

2. 对经济质量的影响

经济质量以居民人均收入、三大产业增加值等方面来衡量，其中志丹县和榆林市的居民人均收入整体呈现一致的增长发展趋势，大致分为经济低质量阶段（1997～2000 年）、经济发展阶段（2001～2005 年）、经济高质量（2006～2010 年）

三个阶段（图 3-6），其中生态修复前，1997 年榆林市与志丹县居民人均收入均为 14 年最低水平，分别为 948.1 元、936 元，远远低于 14 年均值水平2327.4 元、2047.4 元，1999 年人均收入分别为 1540 元、960 元，从 2005 年开始榆林市人均收入呈快速发展趋势，突破 2000 元，达到 2072 元，到 2009 年人均收入达4203 元，较生态修复前增加了 78%。

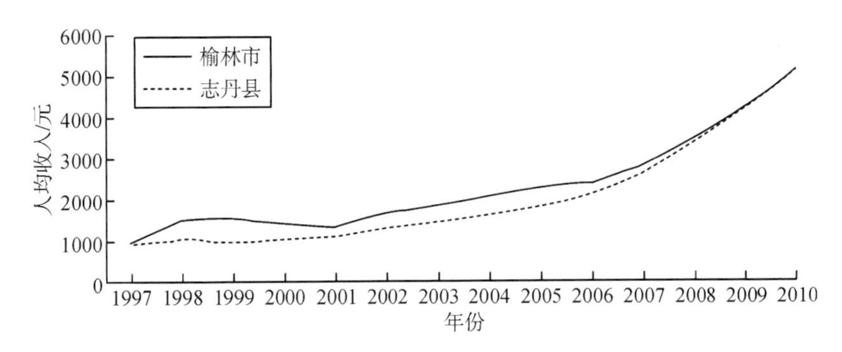

图 3-6　研究区人均收入变化情况

3. 对经济结构的影响

志丹县三大产业结构的变化主要表现在第一产业显著下降，由生态修复前 1997 年的 31%下降到 2010 年的 3%；第二产业比重不断增加，由 1998 年最低的 44%增加到 2007 年的 92%，可见第二产业在志丹县经济发展中的重要性，这与该区域资源禀赋有密切的关系，石油工业为拉动区域经济有着重要的作用；相比而言，第三产业比重整体偏低，并由 1999 年的 28%下降到 2010 年的 9%（图 3-7）。通过对生态修复前后的产业结构的变化分析，可以得出：随着生态修复的不断持续，耕地得到了重新整合，人们对土地的依赖度逐渐降低，尽管耕地面积减少了，但是耕地的生产能力提高，土地的利用效率提高，使得第一产业的比重下降显著，同时，由于该区域石油等资源的显著优势，第二产业的比重不断提高，由于其对经济有支柱性作用，为此，第三产业受到影响，所占比重有所下降。

榆林市的三大产业结构变化最为明显的是第一产业的比重不断下降，由生态修复前 1997 年的 24.4%逐年下降到 2010 年的 5.3%，降幅较大；第二产业比重不断增加，由 1997 年的 38.6%增加到 2010 年的 68.6%；第三产业比重整体呈 V 字形变动，最低比重出现在 2004 年的 24%（图 3-8）。可见，榆林市在生态修复过程中，产业结构变化明显，主要是以第二产业为主，第三产业逐渐发展的趋势变化。

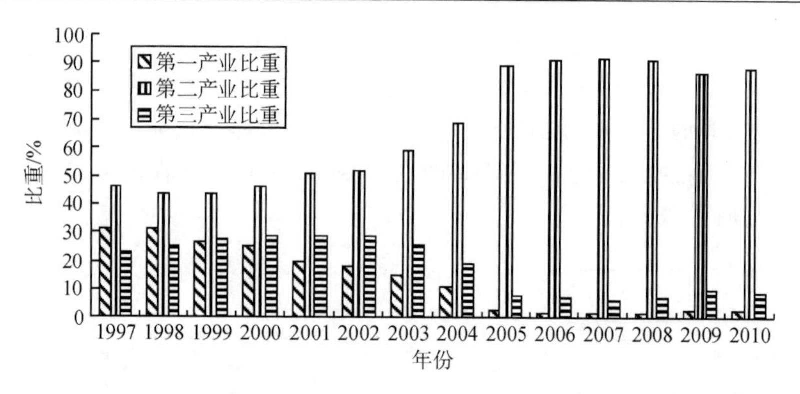

图 3-7　志丹县三大产业比重变化情况

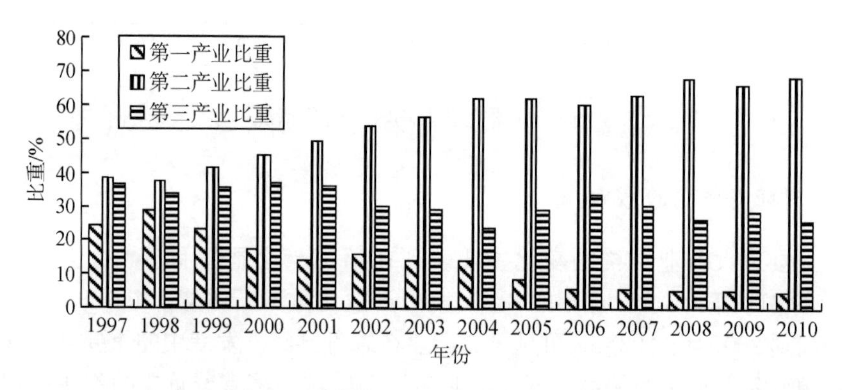

图 3-8　榆林市三大产业比重变化情况

3.2.3　对社会系统的影响

1. 人口情况

人口数量的变化直接影响着人口密度的变化，志丹县和榆林市人口密度整体变化趋势一致，1997～2010 年均呈现平稳略增趋势（图 3-9）。到 2010 年，志丹县和榆林市人口密度分别为 40.4 人/km^2 和 82.7 人/km^2，较 1997 年分别增加了 9.7%和 8.7%。随着社会经济的发展，在生态修复以及城市区位聚集效应的共同作用下，榆林市人口密度整体较高于志丹县。与此同时，人口自然增长率也呈显著下降，志丹县和榆林市均由生态修复前 1997 年的 7.11%、8.44%下降到 2010 年的 3.5%、5%，反映出人口增长的速度明显下降。

2. 社区及人民生活

研究区在生态修复前，基础设施很薄弱，交通通讯闭塞，人民生活水平偏低，其中志丹县和榆林市的恩格尔系数由 1997 年到 2010 年分别下降 33% 和 23.2%（图 3-10）。随着经济和社会的发展，生态修复的功能逐渐改善研究区的人居环境，人均住房面积增加幅度显著，志丹县和榆林市分别由生态修复前的 17.9m²/人、77.12m²/人增加到 2010 年 27m²/人、138m²/人。与此同时，研究区的基础设施、医疗教育以及相关的技术人员都有明显增加，可见，随着退耕还林的实施到其成果的巩固，生态环境及人居环境得到了明显改善，人民生活水平也得到了提高。

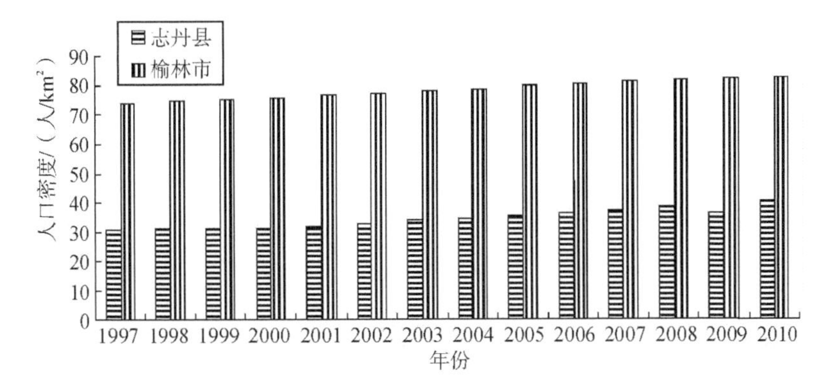

图 3-9　研究区人口密度变化情况

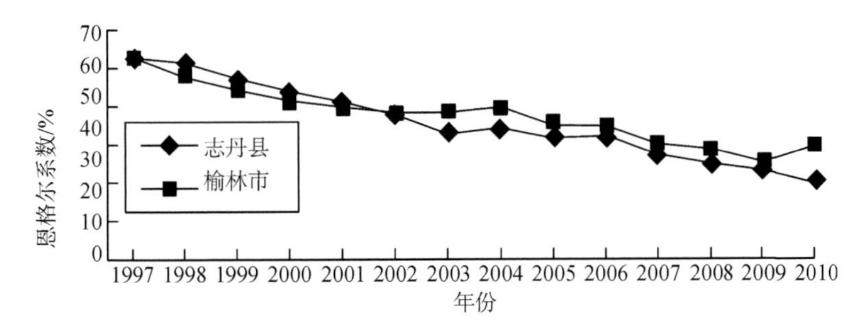

图 3-10　研究区恩格尔系数变化情况

通过统计描述对比分析生态修复前后生态系统、经济系统和社会系统所产生的变化，得出随着退耕还林政策实施的各个不同阶段，其对生态、经济和社会各个方面都产生了不同程度的影响，具体表现在生态系统中年降水量和植被覆盖率显著增加、水土流失得到治理和控制；经济系统中以地区生产总值等为核心的经济总量不断增加；同时，三大产业增长率的不同程度的提高表现出经济质量得到提高，三大产业比重改变反映出产业结构的发展趋势是第一产业比重减少，第二产业为主导，第三产业有待大力发展；社会系统中人口情况、人民生活及社区等各个方面都得到不同程度的改善。

总之，生态修复不仅改善及治理生态环境，同时为经济发展提供良好环境和前提，进而为社会进步提供动力支持。由此可见，生态修复在生态-经济-社会系统协调发展中具有的重要作用。

第 4 章　EES 系统协调发展的评价体系的构建及模型的选择

4.1　协调发展评价指标

4.1.1　协调发展指标体系构建的意义与原则

1. 构建的意义

指标体系是指为完成一定研究目的而由若干个相互联系的指标组成的指标群，该指标群不仅包括指标体系的具体组成指标，还明确指标之间的相互关系，即指标结构。协调发展指标体系是把能直接或间接地反映区域生态-经济-社会协调发展的功能和内容等不同属性特征的单项指标按相关分级或分层原则构成一个有序的指标集合。因此，建立科学的生态-经济-社会协调发展指标体系是用较简明直观的方式，全面、综合的度量和评价 EES 系统协调发展程度的关键环节，这对协调发展理念由观念层次走向操作层次具有重要意义，具体包括客观和主观意义。

（1）客观意义：首先，协调发展指标体系是对客观世界的一种刻画、描述和度量，是一种“尺度”和“标准”，即通过具体指标客观、全面的表征 EES 系统各个子系统内部各要素现状及相互关系；其次，协调发展指标体系具有解释、评价和预测预警的意义，其解释过程实质是对系统协调发展程度的测算和分析的过程，并进一步得出区域生态、经济与社会协调发展的规律，从而作出科学客观的评价，预测预警是在我们认识已知的基础上对未知进行预测，并依据未来变化趋势预制定与实际相符的指标阈值，为未来提出对策建议提供导向。

（2）主观意义：第一，协调发展指标体系可以促使政策制定及决策者以协调发展为原则，最大程度的使各项政策相互协调，确保协调发展贯穿政策制定及实施的全过程。与此同时，在真实全面的掌握协调发展进程的基础上，也有助于及时地对政策的正确性、有效性和操作型进行评估，进而及时作出改进或调整。第二，协调发展指标体系能够简洁直观的增进社会公众对协调发展的了解，在此基础上，增加对其相关政策措施和实施行动的认同感，有助于主动参与相关的计划和实践行动。

2. 构建的原则

构建一个科学合理及可行的协调发展指标体系必须要遵循一个清晰、明确的构建原则，使指标体系既能较为全面的涵盖描述一个区域协调发展的状况，也能从可操作性出发考虑数据的可获取性等因素。具体构建原则如下（李茜等，2013；刘娟等，2012；司蔚，2012；吉宏，2005）：

（1）相对完备与整体原则。相对完备原则是指作为一个有机整体的指标集合应具备全面客观的反映协调发展所涉及的各个要素、其主要特征及内涵，实现描述内容的充分性，避免出现相关重要信息的遗漏和失真等问题，最大限度地减少与实际水平的偏差，为准确、全面和科学的理解和把握协调发展的本质提供可能；整体性原则是指不但要从不同侧面反映研究对象的主要特征和状态，还要反映彼此间的内在联系，形成一个指标间既相互独立又彼此依存的完整的指标系统，使与协调发展有关的内容都能在指标体系中得到充分的体现，较全面、准确地反映区域协调发展的真实状况和水平。

（2）相对独立与稳定原则。相对独立原则是强调指标体系中各个单项指标避免重叠设置，最大限度地采用数目适宜的指标，清晰体现指标体系的结构，提高其效率。相对稳定原则涵盖两层含义：一是指标体系中指标含义、类型、结构及其内容在特定时期内不能随意改变；二是每一不同指标层间相互纵横关系的合理组合应具备较强的稳定性，其内在的逻辑关系是不变的。

（3）动态适度弹性与简明科学原则。动态适度弹性指标体系中的部分指标随时间的推移和环境的变化得以动态微调而有所改变，该原则是在不违背相对稳定原则的前提下具有的一定弹性；简明科学原则主要强调在设计协调发展指标体系时，指标数量在相对完备的情况下不宜过大，应尽可能地简约和压缩，以便于实际应用和操作。

（4）可比、可量和可行原则。该原则是指各个单项指标具有可测性和可比性，所需数据资料较为容易获得和可靠，对定性指标有一定的量化手段并有明确的量化计算方法。

总之，构建协调发展指标体系在遵循上述原则外，还应考虑一些如政策时滞性、外在风险与不确定性、政治环境等外在主观因素。

4.1.2　基于DPSIR概念框架协调发展指标体系的构建

1. DPSIR概念框架的发展历程

PSR概念模型即“压力-状态-响应”（pressure-state-response）是基于可持续发展模式、“驱动力-状态-响应”（driving force-state-response，DSR）、“经济、社会、环境和机构四大系统”的概念模型，结合了《21世纪议程》中涉及的可持续发展重要指标，并被联合国环境规划署（UNEP）和经合组织（OCED）共同采纳而逐步形成完善。该概念框架纳入了非环境要素，使各项指标的作用在一个合适的框架或者体系中得到进一步加强。

图 4-1 阐述 PSR 概念模型是通过采用原因一影响一响应这一逻辑链分析、解释关于发生的现状、发生的原因、如何应对等问题，将反映环境压力、环境状态和社会回应的各个指标归纳集合而成。该模型构建指标最大的优势是针对问题可以清晰的阐明指标之间较强的逻辑因果关系，可适用于评价各种与协调发展有关的问题和现象，因此，很快被广泛应用于各学术界，并成为有影响的框架指标体系。PSR 框架模型，最早应用于建立土地质量评价指标体系（land quality indicator system，LQIS），之后经合组织针对世界性环境问题，构建了涵盖气候变化、大气层破坏、土壤退化、生物多样性与景观、水与渔业资源、森林资源及城市环境质量等方面的指标体系。

DPSIR 概念框架模型包括：驱动力（diving force）、压力（pressure）、状态（state）、影响（impact）和响应（response），是在 PSR 和 DSR 概念框架模型的基础上，为了更清晰的描述不同指标及相互间的因果关系而形成，主要被广泛用于环境政策宣传和倡导等方面。DPSIR 概念框架是压力-响应（PR）（Rapport，1979）框架的基础上形成，到了 20 世纪 90 年代，这一模型框架在经济合作及发展组织（OECD，1991，1993）和联合国（UN）的共同推动下得到了进一步拓展，在此基础上，由欧洲环境总署（EEA，1995）正式提出现在的 DPSIR 框架模式，并将以此建立的指标体系主要应用于评价生物多样性。正是由于 DPSIR 框架具有简洁明了的阐述 EES 系统间的因果关联关系的优势，使其成为交叉渗透各个学科的必要工具，对构建 EES 系统评价指标体系有重大意义，也为决策者和其利益相关体之间连接了纽带。

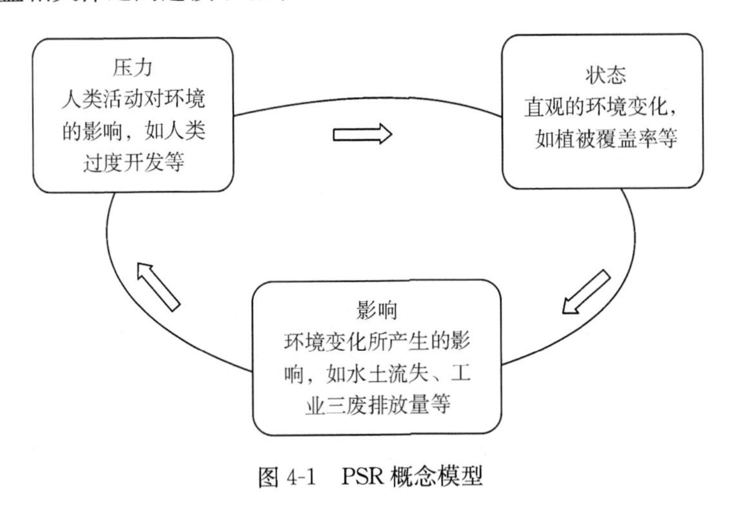

图 4-1　PSR 概念模型

2. DPSIR 概念框架概述

DPSIR 概念框架具体包括驱动力、压力、状态、影响、响应五个因子

(Maxim，2009)：

驱动力（DF）是造成环境变化的潜在因子。在社会、经济或体制制度系统的变动作用下，通过大规模的社会经济活动或产业升级变革对生物个体及环境所产生直接或间接影响，而造成压力。驱动力因子尽管不是敏感因子，在受到社会和经济因素的刺激下，生态环境的改观需要较长的时滞周期，但是其可供政策制定者预先做出政策决策，以响应的方式最大限度地减少甚至避免对生态系统造成的压力，进而消减由此产生的一系列生态问题，并对生态系统的长期规划提供参考。

压力（P）是改变环境变化的直接因素。具体是指人类活动及生产对其依赖的生态环境产生的影响及后果。与驱动力因子相比，压力比较容易控制，相对敏感，因此，可供决策者及时作出调整或防范，提出应对措施，使政策及行动更为有效，为提出合理解决方法提供向导。

状态（S）是直观描述特定范围环境动态变化及持续发展能力的因子，多为通过生物的特征、物理化学性质等表现出的环境现状。这一因子是对压力相对敏感性显现，但一般反应较慢。因此便于决策者依据目前的环境状况实施相应的恢复及治理措施。

影响（I）是驱动力、压力及状态三个因子共同作用的必然结果。通常是在驱动力和外在压力的作用下改变环境状态及功能，以此对生态、经济、社会产生不同程度的积极或消极的影响。影响因子在SPSIR概念模型中相对抽象，并不能用单一的数据集代表，更多的是一种用来阐述SPSIR概念机理的决策模型。因此，影响因子相对反应迟缓，只有通过分析和解释压力、状态和影响之间的相关因果关系，使决策者目标更为明确，针对性的采取相关措施来减轻甚至消除不利影响，尽可能地减少影响的迟缓性。

响应（R）是经一些机构组织通过对现有的生态问题及其产生的原因和影响等全面掌握的状况下，以某种政策行为或政策回应等形式，以至减少、补偿、阻止或解决不良影响所产生的后果，其最大特点是针对性强，时效性强，并利于在现实中立即推广实施，从而解决影响造成的问题，以推动社会经济的发展。

总之，DPSIR概念框架是在PSR的基础上，依据系统性、整体性等特点，通过对生态环境、经济与人类社会等系统的有效整合，并探索和分析多系统间因果关系的一种有效方法。尽管根据不同的评价主体，对评价指标体系的分类也不尽相同，但是其构建的本质都是一致的，即用于表示各个系统指标及要素间的逻辑关系。本书中生态-经济-社会评价指标体系也不例外。然而，DPSIR概念模型在分析问题方面依然显得有一定的局限性。首先，在构建的生态-经济-社会协调发展评价中并不是所有的指标都存在上述关系，除此之外，同一指标在DPSIR框架中可能会具有多种功能。例如，能源开发在特定区域和时段既对经济发展和社会进步有一定的推动作用，也是经济社会系统影响的结果，但同时还会对生态系统的平衡造成压力。鉴于此，不能把 DPSIR 框架模型作为单一的模型应用于所有问题，而是灵活地将其整体性和变通性结合，并附加一些假设条件，加强对指标体系间交互式影响的认知，从而达到预期的效果。

图 4-2 直观阐明了 DPSIR 框架的基本结构，将生态环境、经济及社会发展中的具体表现形式作为驱动力，对环境现状施加压力，使其状态发生变化，并造成影响，由此引发社会的响应来反馈驱动力、压力、状态或影响。

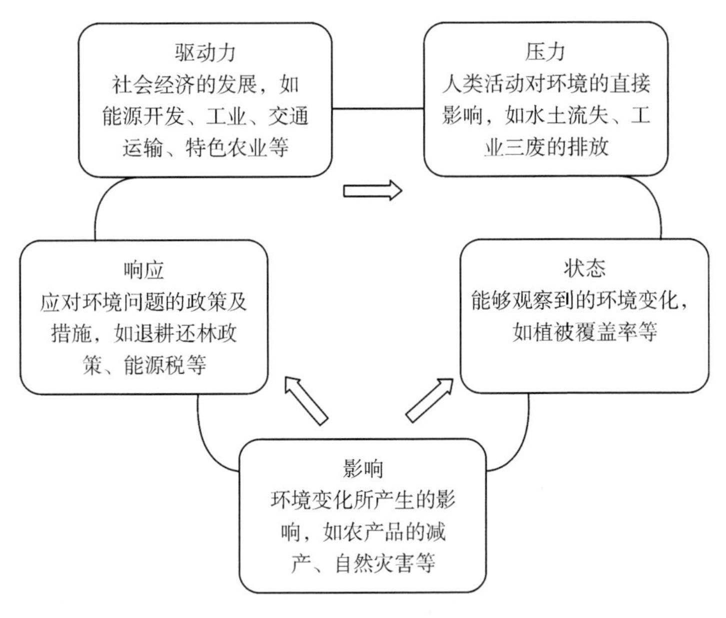

图 4-2　DPSIR 概念框架模型

3. DPSIR 概念框架的应用

目前，DPSIR 概念框架模型在国内应用尚处于起步阶段，但日益受到关注，并已有众多不同学科领域的学者应用 DPSIR 概念框架模型构建评价指标体系，大多采用综合评价法，以此作为剖析生态环境及其他研究领域的有力工具。主要涉及可持续发展（熊鸿斌等，2009；罗阳，2006）、农业活动（于伯华等，2004）、资源利用（贾立敏，2010；董四方等，2010；高波等，2007；陈洋波，2004）、土壤质量（骆永明，2006）、土地利用（李进涛等，2009；冯科，2007）、水土保持（韦杰，2007）、生态安全（蒙晓等，2012；张继权，2011；张红红等，2010；王宏伟，2008）等领域。然而，依然存在一些不足之处：在依据 DPSIR 框架构建指标体系时尽管可以解释相互的因果关系，但个别指标相对生硬，并存在一定的重叠；大多学者仅是在准则层面较为系统的反应所研究的问题，整体缺乏代表性和易于量化的指标，多限于定性分析。总之，关于 DPSIR 概念框架模型，目前国内外仍然处于探索发展阶段。相对而言，国外对其应用较为广泛和成熟，主要涉及有农业活动（Giupponi et al.，2006；Zalidis，2004）、土地利用（Potschin，2009）、土壤质量（Amajirionwu，2008；Bouma et al.，2007）、水土流失（Gobin，2004）、资源（Langmead，2009；Mysiak et al.，2005；Giupponi，2004）、能源（Elliott，2002）、生物多样性（Maxim et al.，2009；Spangenberg，2009；Aubry et al.，2006）、战略环境影响评价（Nilsson，2009）、人类福祉及其可持续发展（Kulig et al.，2010；Ness et al.，2010；Haberl，2009；Borja，2006）、环境管理（Roura-Pascual，2009；Jago-on，2009；Riley，2003）等领域。

本书基于 DPSIR 概念框架，结合研究区的特征和研究内容的需要，考虑到数据的可获取性，按照驱动力－压力－状态－影响－响应的逻辑关系，以经济的发展和社会的进步作为“驱动力”，使得人们对能源的需求不断增加，从而对生态环境以及经济社会系统造成一定的“压力”，致使生态环境、经济总量、社会结构等的“状态”发生变化，直接“影响”到生态环境、经济质量及人民生活，在生态修复工程和经济社会等政策制度的响应下，缓减压力，实现生态-经济-社会的协调发展。依照上述构建思路，形成了 DPSIR 协调发展评价指标体系，具体见表 4-1。

4. 指标权重的确定

权重是以具体的数量形式对评价客体的众多因素中相对重要程度的对比及权衡所得的量值。权重的确定既有决策者主观对指标的重视程度，又有指标的自然物理属性在决策中的作用及可靠程度，因此权重的确定是主观与客观综合度量的结果。科学的确定权重在多指标综合评价中具有重要意义，其直接影响综合评价的结果。客观测算权重是通过数学推算，以指标间精确的离差来表示指标分辨信息量，进而反映其重要程度；主观确定权重多是由专家根据经验用定性的方法进行主观判断而得到权数，最常用的是专家评定法、强制打分法和层次分析法。但不论是何种确定权重的方法，都要建立在对指标值标准化处理的基础上。

1）评价指标的无量纲化

由于各个指标的类型、特点和单位不同，存在着量纲上的差异，这种异量纲性不便于分析研究，甚至会影响评价的结果，为了排除由量纲大小造成的影响，有必要将指标实际值转化为指标评价值，即通过数学变换来消除原始变量量纲的影响，实现对数据的标准化处理，该方法也被称为无量纲化。因此，在多指标综合评价的过程中，对其无量纲化处理既是综合评价的必要前提，也是整个评价过程中的重要环节，更是确保评价真实性和客观性的有效方法。

表 4-1　DPSIR 协调发展评价指标体系

目标层	系统层	要素层	指标层
生态经济社会复合系统	生态系统 $f(x)$	生态环境状态	x_1 植被覆盖率
		生态环境状态	x_2 年均降水量
			x_3 水土流失率
		生态治理措施	x_4 退耕造林面积
	经济系统 $g(y)$	经济总量	y_1 地区生产总值
			y_2 地方财政收入
			y_3 农林牧渔总产值
			y_4 工业总产值
			y_5 粮食总产量
			y_6 石油总收入
		经济质量	y_7 人均地区生产总值
			y_8 农民人均收入
			y_9 第一产增长率
			y_{10} 第二产增长率
			y_{11} 第三产增长率
		经济结构	y_{12} 第一产业比重
			y_{13} 第二产业比重
			y_{14} 第三产业比重
	社会系统 $h(z)$	人口结构	z_1 人口密度
			z_2 人口自然增长率
			z_3 农村从业人数
		社会结构	z_4 第二产业从业人数
			z_5 第三产业从业人数
		社区发展	z_6 年客运量人数
			z_7 道路里程
			z_8 人均住房面积
			z_9 乡村电话用户
			z_{10} 各类学校数
			z_{11} 拥有卫生技术人数
		人民生活	z_{12} 社会保障参与人数
			z_{13} 农民恩格尔系数
			z_{14} 人均教育支出比重

依据评价指标不同的性质及特点，通常将评价指标分为三类：正相关指标类要求数值越大越好；负相关指标类要求数值越小越好；适度指标类包括最佳值型和适度区间型。不同类型的指标，无量纲处理也不同，概括主要有直线型（标准化方法、指数法、阈值法等）、曲线型、折线型（凸折线型法、凹折线型法、三

折线型法）三种。目前，在常用的指标无量纲化方法（极值化、标准化、均值化以及标准差化法等）中直线型标准化方法使用更为广泛，鉴于其假定指标实际值与评价值间存在线性关系，无量纲处理是利用实际值的变化和评价值的变化比例关系进行的。故本书根据各指标反映生态环境状况与经济社会发展的特征，选择直线型级差标准化方法对指标数据进行标准化处理，具体计算公式如下：

正相关指标为

$$x_i'=\frac{x_i-x_{\min}}{x_{\max}-x_{\min}} \tag{4-1}$$

负相关指标为

$$x_i'=\frac{x_{\max}-x_i}{x_{\max}-x_{\min}} \tag{4-2}$$

式中，x_i'为标准化的值；x_i 为原始观测值；$x_{\max}$为指标最大值；$x_{\min}$为指标最小值；取值区间为［0，1］。

2）权重确定的具体方法

权重的确定与指标的性质密切相关，不同性质的指标，所适用的权重确定方法也不尽相同。依据指标所具有的本质属性，将其分为定量指标和定性指标两类，前者可直接通过对基础统计数据查找或计算可得，后者较为抽象，很难用精确数字量化表示，富有较强的主观因素。确定此类指标权重，首先是对其赋予明确的内涵，其次在依据指标特有的定义结合研究目的和实际情况，经专家主观经验进行量化打分。最常用的方法有德尔菲（Delphi）法、头脑风暴法、模糊综合评判法、层次分析法（AHP）等。

定量指标确定权重的方法与定性指标相比较为成熟，主要有客观赋权法、主观赋权法及将两者结合的主客观赋权法三种。客观赋权法是严格依据数学理论，根据各指标间的相关关系，采用具体的数学公式计算确定权重。主要有离差及均方差法、变异系数法、熵值法、主成分分析法等。尽管客观赋权法计算直观明了，但由于其不依赖于人的主观判断，更多的是依据足够的样本数据和实际研究的域，因此其通用性和可参与性较差，甚至会造成权重与指标的实际重要性差距较大；主观赋权法是通过专家评分或综合咨询对结果进行数学分析，实现定性到定量的转化来确定权重。这一方法在定性指标中广泛使用，具体有综合指数法、德尔菲法、层次分析法、环比法等。主观赋权法最大的缺陷是主观随意性较强，由于该方法是依据评价主体的经验和直觉，以主观偏好信息为导向赋权，直接受到人为主观因素的影响，因此不可避免的导致某些指标的真实及重要性被夸大或减少，使评价结果可能与客观现实产生较大的差异；主客观赋权法是将主、客观赋权方法进行集成，弥补两者的不足，既充分利用客观信息，又尽可能结合决策者的主观意愿，使赋权更为合理有效。

本书拟采用均方差和熵值法计算指标权重。均方差决策法以各单项评价指标为随机变量，通过计算其均方差来反映随机变量的离散程度。具体步骤是先求出这些随机变量的均方差，然后将这些均方差归一化，其结果即为各指标的权重系数。熵值法是引用信息论中“熵是对不确定性的一种度量”的概念，通过计算熵值来判断一个事件的随机性及无序程度，信息量越大，不确定性就越小，熵也就越小；信息量越小，不确定性越大，熵也越大。该方法在指标权重确定中主要是用熵值来判断某个指标的离散程度，从而客观反映其对全面评价的作用。

均方差权重计算公式为（孙平军等，2012）

$$S=\sqrt{\frac{\sum_{i=1}^{n}(x_i-\bar{x})^2}{n}} \tag{4-3}$$

式中，S 为均方差，即为离差平方的开方求得；x_i为指标的标准化值；$\bar{x}$ 为 n 个标准化值的平均值，即为离差。

熵值法计算公式为（袁久和等，2013）

$$A_i=\frac{x_i'}{\sum_{i=1}^{k}x_i'} \tag{4-4}$$

式中，A_i 表示第 i 个指标比重；x_i'表示经标准化处理的指标值；k 为生态类指标个数。

$$e_i=-k\sum_{i=1}^{m}(A_i\ln A_i) \tag{4-5}$$

式中，令 $k=\frac{1}{\ln m}$；e_i 表示第 i 个指标的信息熵值；m 为县（区）个数。

$$d_i=1-e_i \tag{4-6}$$

式中，d_i 表示第 i 个指标的信息熵冗余度。

$$w_i=\frac{d_i}{\sum_{i=1}^{n}d_i} \tag{4-7}$$

式中，w_i 表示第 i 个指标的权重。

4.2　协调发展评价综合模型

4.2.1　综合指数模型

综合指数模型是评价方法中历史最悠久、最普遍的模型之一，其基本原理是在合理指标体系的基础上，用一般数学方法进行标准化（无量纲化）处理，运用线性加权模型、乘数评价模型、代换法等不同的形式最后转化为综合指数模型，该模型以适用于多目的评价的优势胜于模糊综合评判和多元统计分析等方法。

1. 线性加权评价模型

线性加权评价模型是综合指数评价中应用最为广泛的模型之一。首先，线性加权评价模型按照“部分之和等于总体之和”的数理逻辑，将指标标准值与对应权重加权计算得到综合指数，因此要求模型的各个指标间是相互独立，消除指标信息的重复，每个指标只影响综合评价值，从而客观反映实际状况；其次，该模型的评价结果主要是通过指标的观测值和对应的权数两个因素影响综合评价值，其中权数的大小代表该指标在该评价模型中的重要程度，指标的权数值越大对综合评价值的影响越大。因此，在该模型中权数的作用比其他合成模型方法更加重要；此外，该模型可以通过某些指标的上升来弥补部分指标的下降，因此，不论指标数是正或负，均可以通过指标间的补偿转化来计算综合评价值。由此可见，该模型对数据的要求不高。基本公式如下：

$$y=\sum_{i=1}^{n}w_i x_i \quad (i=1, 2, 3, \cdots, n) \tag{4-8}$$

式中，x_i代表第 i 个指标的观测值；w_i表示第 i 个指标的权重；n 代表指标个数；y 是综合评价值。

2. 乘法评价模型

乘法评价模型与线性加权模型的不同主要表现在三个方面：首先，该模型在指标体系中选定一个参照指标，通过其他指标与该指标的关联关系来作用整个系统的综合水平，可见，这种方法更适用于指标间有较强关联性综合评价。但这也反映出该模型的缺陷所在，即要求评价指标间在关联条件下还要具有良好的一致性，差距较小，在其他指标都比较好的情况下，一旦有一个指标较差，其评价结果就可能出现较差的情况，使评价的客观性大打折扣；其次，该模型对指标变化的敏感性较高，某一指标数据下降会造成综合评价值的大幅度降低，尤其是指标中较小数据对综合评价值的影响较大，可见对指标数据的要求比较高，指标不能出现零或者负数，而对权数的要求不高，有时甚至可以将各指标的权数取值相等。具体公式如下：

$$y=\prod_{i=1}^{n}x_i^{w_i} \quad (x_i>0; i=1, 2, 3, \cdots, n) \tag{4-9}$$

式中，y 代表综合评价值；x_i表示相应指标的观测值；w_i是对应指标的权重；n 代表指标的数目。

3. 加乘混合评价模型

加乘混合评价模型是兼有加权评价模型和乘法评价模型两种方法的集合，因此在评价中，乘法评价模型更适合于在指标体系中，同一类的指标间关联比较紧密的情况，而加乘混合评价模型适用于不同类的指标间关系不是很紧密的情况，因此可依据具体情况选取。具体公式为

$$y=\sum_{j=1}^{m}z_j^{u_j}+\prod_{i=1}^{n}x_i^{w_i} \tag{4-10}$$

$$(z_j,\ x_i>0;\ i=1,\ 2,\ 3,\ \cdots,\ n;\ j=1,\ 2,\ 3,\ \cdots,\ m)$$

式中，y 表示综合评价值；z_j、x_i 代表相应指标的观测值；w_i、u_j 分别表示指标 x_i 和 z_j 的权重；n 和 m 分别表示指标 x_i 和 z_j 的个数。

4. 代换法

与前三种评价模型相比，代换法最大限度的发挥指标间的补偿作用，更突出某个最优指标对评价整体实现最优的贡献（何圣嘉等，2013）。具体公式为

$$y=1-\prod_{i=1}^{n}(1-x_i) \tag{4-11}$$

式中，y 为综合评价值；x_i 为指标观测值，$0\leqslant x_i\leqslant 1$。

本书依据上述对综合指数评价法中三种具体模型的对比，结合研究实际情况，拟应用线性加权评价模型来测算生态指数、经济指数和社会指数。鉴于该方法对数据要求宽松的优势，在指标相对独立的前提下，无论指标值是正数、负数或零，都不会影响对综合评价值的计算。

4.2.2　协调发展函数模型

1. 模糊隶属度函数协调发展模型

模糊隶属度函数协调发展模型是在模糊数学综合评价法的基础上，拓展的一种针对协调发展的定量分析评价方法。该模型借鉴模糊关系合成原理，通过引入隶属度这一重要概念，应用模糊数学对受到多种因素制约的复杂且具有“模糊性”的事物或系统从多角度进行最大限度的客观全面的定量评价，从而有效地解决一些边界不清、模糊非确定性、难以量化的问题，有较强的适用性。同时使评价结果达到系统性强，关系分析清晰的效果，并成为有效的多因素决策方法的重要依据。

由于生态-经济-社会（EES）系统在协调发展评价过程中内涵明确而外延宽泛复杂，因此引入模糊数学中的隶属度对该复合系统协调发展指数进行描述，通过模糊评价矩阵的构造，来测算两两系统间的协调发展度，并划分评价对象所属的协调等级。该模型以此来探究系统内各子系统及其构成要素与外部环境之间的相互作用，并进一步不断调整波动的状态向动态平衡发展，消减出现的不稳定或不协调现象，使生态-经济-社会系统整体达到最优效应。具体公式如下（李刚，2012）：

$$u(i/j)\ =\exp\left[-\frac{(x-x')^2}{S^2}\right] \tag{4-12}$$

式中，$u(i/j)$ 表示 i 系统的实际值与 j 系统对 i 系统所期望的协调值之间的接近程度，称为 i 系统与 j 系统间的协调发展系数；x 代表 i 系统的实际发展水平数

值；x'是指 i 系统在与 j 系统的实际值相协调的条件下，所处的相对发展水平值；S^2 为方差。

依据上述公式，进一步对两系统间的静态协调度做测算，具体公式如下：

$$C_s(i,j)=\frac{\min[u(i/j),\ u(j/i)]}{\max[u(i/j),\ u(j/i)]} \tag{4-13}$$

式中，$C_s(i,j)$表示两两系统间的静态协调度，依据公式（4-13）可知，要实现两系统间协调度高，就要求 $C_s(i,j)$值大，则说明 $u(i/j)$与 $u(j/i)$的值越为接近，因此，当 $C_s(i,j)=1$ 时，表明系统两两间实现完全协调；反之，说明两系统之间的协调发展程度越低。

上述公式仅表征了 EES 系统间两两协调发展的静态状况，缺乏对其协调发展状态随时间推移的动态趋势的描述，鉴于此，故引入动态变化函数来描述系统协调发展水平的变化态势（张效莉等，2008）：

$$C_d(t)=\frac{1}{t}\sum_{t=0}^{t-1}C_s(t-i) \tag{4-14}$$

式中，$C_s\in(0,\ 1)$，C_{s_1}、C_{s_2}、…、C_{s_t} 分别代表 $1\sim t$ 各个时点的静态协调度。假定任意 $t_1<t_2$，则与其对应的 $C_d(t_1)$、$C_d(t_2)$若呈现 $C_d(t_1)\leqslant C_d(t_2)$的关系，则视为两系统在 $t_1\sim t_2$ 的时段内处于动态协调状态；反之，则视为不协调状态。

本书采用模糊隶属度函数协调发展模型，分别从生态-经济系统、生态-社会系统、经济-社会系统三个方面，对其协调度、发展度及协调发展度进行静态及动态测算，并作出评价。

2. 变异系数协调发展模型

变异系数协调发展模型是由杨士弘等（1999）基于系统协调发展和离差系数最小化等原理推导出的协调度模型。这一模型主要采用数理统计中的变异系数的概念和性质来测算系统之间协调发展程度，本书基于变异系数的协调度模型进行改进和完善，将离散系数的协调性测度拓展为三个系统间，通过生态、经济、社会系统指数间在不同历史时期进行横向比较，实现三大系统综合效益最大化，同步平衡发展。这一拓展的目的打破生态-经济-社会复合系统协调发展度中两两系统协调发展度测算的局限性，并通过三个系统之间的相互依赖程度，来精确测度复合系统整体的协调发展水平或程度，为此，本书分析 EES 系统综合协调发展程度采用变异系数协调发展模型，该模型即生态环境系统、经济系统与社会系统在时刻 t 的协调度(B)为

$$B(t)=\left\{\frac{f(t,x)\cdot g(t,y)\cdot h(t,z)}{\left[\frac{f(t,x)+g(t,y)+h(t,z)}{3}\right]^3}\right\}^k \tag{4-15}$$

$$f(x)=\sum_{i=1}^{m}ax'_i \tag{4-16}$$

$$g(y)=\sum_{i=1}^{n}\beta y'_i \tag{4-17}$$

$$h(z)=\sum_{i=1}^{j}\delta z'_i \tag{4-18}$$

式中，$f(t,x)$、$g(t,y)$、$h(t,z)$分别表示生态指数 $f(x)$、经济指数 $g(y)$和社会指数 $h(z)$在 t 时刻生态平衡状态、经济发展水平和社会进步程度；x'_i、y'_i和 z'_i分别代表生态、经济和社会系统第 i 个指标的特征值，与其对应的权重分别用 α、β 和 δ 来表示。在整个复合系统中，生态-经济-社会指数在 $f(x)+g(y)+h(z)=c$ 的条件约束下，要使协调度(B)达到最大值，即 $f(x)\cdot g(y)\cdot h(z)$要求最大，只有 $f(x)=g(x)=h(x)$时才能满足要求，实现 EES 系统协调发展（刘涛，2011)。式中协调度的范围在 0～1 之间，当 $B=1$ 时表明系统结构有序，协调度极大；当 $B=0$ 表明系统协调无序发展，完全失调度。

由于评价生态-经济-社会系统协调发展的本质是对协调和发展程度综合测度。为此，应用生态环境系统、经济系统与社会系统在时刻 t 的发展度(C)为（杨世琦，2007)

$$C(t)=\alpha f(t,x)+\beta g(t,y)+\delta h(t,z) \tag{4-19}$$

式中，α、β、δ 为 EES 系统指数的系数，$\alpha>0$，$\beta>0$，$\delta>0$ 且 $\alpha+\beta+\delta=1$。

$D(t)$表示 EES 系统在 t 时刻的协调发展度（张效莉等，2006)：

$$D(t)=\sqrt{B(t)\times C(t)} \tag{4-20}$$

本书采用变异系数协调发展模型对生态-经济-社会复合系统从时序和空间格局层面对其协调度、发展度、协调发展度进行分析评价。

3. 协调发展等级类型的划分

在协调理论中协调发展度是量化和反映系统协调与发展程度的单位，由于数值在［0，1］区间内表示了无数个协调和发展状态，但仅用这些简单精确的数字表示，看似信息量大，但并不能清晰的表征现实协调发展状态的性质，甚至导致部分定性化的信息被忽略，不便于实践应用。因此，为了解决上述问题，通过借用模糊数学思路，在隶属关系上将定量测算所得相近的协调发展度界定归为同一类型，并以定性归类的方法表现最终结论。另外，协调发展等级通过模糊数学原理可以有效地减小不同计算方法所得协调发展度的差异，使评价结果更便于检验和反映客观的现实情况，这正是划分等级的意义。

协调发展等级是根据协调发展度的计算结果按一定的数值范围划分为上下限连续的区间，形成一个连续的协调发展等级阶梯，其中各个不同区间对应一个反映协调发展状态的等级，其实质是把某一区间段上的全部协调发展水平赋予一种协调发展度，这样使得原来的复杂的协调发展度概念变得更加简单，同时也更加实用。从而综合详细地反映某一地区复合系统的协调发展水平，促使理论向实践方向发展。

关于协调发展类型和评判标准的相关研究大多是针对两个变量之间的协调发展度，本书是关于 EES 三个系统变量之间的协调发展度，相关研究较少，目前还没有统一的划分标准。因此，本书在参考前人研究的基础上（叶得明，2013；孙小梅，2010；陈风桂等，2010；杨世琦，2005；杨士弘，1997），依据协调发展模型数学方法，计算出 $0\leqslant D\leqslant 1$，把相近的协调度在隶属关系上界定为同一类型，结合均匀分布函数法，并以 0.05 作为划分协调发展各个类型的界限标准，归类得出表 4-2。

表 4-2 EES 系统协调发展的类型及评价标准

大类	协调发展度	协调发展亚类	判断条件	协调发展亚型
协调发展类	0.85～1.00	优质协调发展类		
	0.80～0.85	良好协调发展类		
	0.75～0.79	中级协调发展类	$f(x)>g(y)>h(z)$	生态平衡，社会滞后型
亚协调发展类	0.70～0.75	初级协调发展类	$f(x)>h(z)>g(y)$	生态平衡，经济滞后型
	0.65～0.69	勉强协调发展类	$g(y)>f(x)>h(z)$	经济发展，社会滞后型
	0.60～0.65	濒临失调衰退类	$g(y)>h(z)>f(x)$	经济发展，生态滞后型
失调衰退类	0.55～0.59	轻度失调衰退类	$h(z)>f(x)>g(y)$	社会进步，经济滞后型
	0.50～0.55	中度失调衰退类	$h(z)>g(y)>f(x)$	社会进步，生态滞后型
	0～0.50	严重失调衰退类		

注：本分类标准体系据杨氏分类标准体系（杨士弘，1997）修改而成。

4.2.3 灰色系统动态预测模型

1. 灰色系统动态预测理论

灰色系统理论（ theory of grey system）是 1982 年由我国著名学者邓聚龙教授提出并发展的，是对具有抽象、不直观、信息不完全等特征的系统进行建模，使抽象对象转化为“同构”实体，即是复合系统由灰变白的过程，对系统运行行为、演化规律进行正确的描述，并在此基础上进行预测和控制，为改善数据随机性、提高预测精度提供依据（袁嘉祖，1991）。该理论是将系统控制论的思想和方法延伸到经济社会领域的产物，因此，被广泛应用于社会及自然科学等研究中。

灰色系统预测是在对客观历史事实和现状进行科学的调查和分析的基础上，通过原始数据的归一化处理和灰色模型建立，以系统变化规律为依据，由已知推测未知，由过去和现在推测未来，对系统的未来发展规律和态势做出科学的定量预测。

2. 灰色系统动态预测方法

作为灰色系统理论的基本模型之一的灰色系统预测模型 GM(1,1)，是在从外部获得其发展变化的基础上，通过研究信息在输入与输出之间的关系，从而揭示系统内部“黑匣子”的发展规律，并对系统的未来发展趋势进行全面的分析和预测（聂春霞等，2013；邓聚龙，1992）。具体是通过对系统时间序列进行数量大小的预测，即对系统的主行为特征量或某项指标发展变化到未来特定时刻出现的数值进行预测。首先，该模型在形式上是属于单数列预测，采用预测对象自身的时间序列，从中寻找有用的信息建立模型，关系不清、变化不明的参数不参与运算和建模；其次，该模型以现实信息优先为原则，对样本量没有刻意要求，通过对已掌握的信息进行合理的技术处理并建立模型，实现对系统的发展态势进行预测。模型 GM(1,1)预测计算的主要步骤如下（杨银峰等，2011）：

（1）一次累加生成处理。累加生成是指通过数列各个时刻数据的依次累加从而生成新的数据或数列的一种手段，数列在累加前被称为原始数列，累加后则称为生成数列，新生成的数列主要是用于弱化原始数列的随机性，增强其规律性和平稳性，并为动态预测提供中间信息。

设原始数据资料为 $X^{(0)}=[X^{(0)}(1),X^{(0)}(2),\cdots,X^{(0)}(n)]$，对 X 作一次累加，生成数据为

$$X^{(1)}=[X^{(1)}(1),X^{(1)}(2),\cdots,X^{(1)}(n)] \tag{4-21}$$

即可得到一个新的数列 $X^{(1)}(k)=\sum_{i=1}^{k}X^{(0)}(i)\quad(k=1,2,\cdots,n)$，这个新的一次累加生成数列被记为 1 -AGO。

（2）均值数列为 $X^{(1)}$ 的紧邻均值生成的序列

$$Z^{(1)}=[Z^{(1)}(2),Z^{(1)}(3),\cdots,Z^{(1)}(n)] \tag{4-22}$$

其中，$Z^{(1)}(k)=\frac{1}{2}[X^{(1)}(k)+X^{(1)}(k-1)]\quad(k=2,3,\cdots,n)$。

（3）建立 $X^{(1)}(m)$的一阶微分方程

$$\frac{\mathrm{d}X^{(1)}}{\mathrm{d}t}+aX^{(1)}=u \tag{4-23}$$

该方程也被称为白化方程或影子方程，是用上述白化形式的微分方程近似地描述新数列的变化趋势。其中 a 和 u 为待定参数，可通过最小二乘法拟合得到，将 u 离散化，即满足下式：

$$\hat{a}=(\boldsymbol{B}^{\mathrm{T}}\boldsymbol{B})^{-1}\boldsymbol{B}^{\mathrm{T}}Y \tag{4-24}$$

且 $Y=[X^{(0)}(2),X^{(0)}(3),\cdots,X^{(0)}(n)]^{\mathrm{T}}$，$\boldsymbol{B}$ 为构造数据矩阵，

$$\boldsymbol{B}=\begin{bmatrix} -Z^{(1)}(2) & 1 \\ -Z^{(1)}(3) & 1 \\ -Z^{(1)}(4) & 1 \\ \vdots & \vdots \\ -Z^{(1)}(n) & 1 \end{bmatrix} \tag{4-25}$$

（4）微分方程 $X^{(1)}$ 所对应的时间响应函数模型为

$$\hat{X}^{(1)}(k+1)=\left[X^{(1)}(1)-\frac{\hat{u}}{\hat{a}}\right]\mathrm{e}^{-ak}+\frac{\hat{u}}{\hat{a}} \tag{4-26}$$

式中，$\hat{a}$ 为发展系数；$\hat{u}$ 为灰色作用量，反映 X 的发展态势。由上式计算得到的是在 $k+1$ 时刻生成数列的预测值，对其累减运算即可求出原始数列的预测值，公式为

$$X^{(0)}(k+1)=X^{(1)}(k+1)-X^{(1)}(k)\quad (k=1,2,\cdots,n-1) \tag{4-27}$$

将式（4-26）代入式（4-27），则可得到原数列的预测值为

$$X^{(1)}(k+1)=\left[X^{(0)}(1)-\frac{u}{a}\right][1-\exp(a)]\mathrm{e}^{-ak} \tag{4-28}$$

其中，$X^{(1)}(0)=X^{(0)}(1)\quad (k=1,2,\cdots,n)$。

（5）模型检验。对建立的模型要进行残差检验和后验差检验，模型检验合格方能用于预测。

后验差检验的步骤需首先求出原始数据方差 S_1^2：

$$S_1^2=\frac{1}{n}\sum_{k=1}^{n}[X^{(0)}(k)-\overline{X^{(0)}}]^2 \tag{4-29}$$

其中，$\overline{X^{(0)}}=\frac{1}{n}\sum_{k=1}^{n}X^{(0)}(k)$，残差方差 S_2^2：

$$S_2^2=\frac{1}{n}\sum_{k=1}^{n}[e^{(0)}(k)-\overline{e^{(0)}}]^2 \tag{4-30}$$

其中，$\overline{e^{(0)}}=\frac{1}{n}\sum_{k=1}^{n}e^{(0)}(k)$，$e^{(0)}(k)$为残差。

均方差比值 C：

$$C=\frac{S_2}{S_1} \tag{4-31}$$

小误差概率 P：

$$P=\{|e^{(0)}(k)-\overline{e^{(0)}}|<0.6745S_1\} \tag{4-32}$$

其中，当均方差比值 C 值越小，小误差概率 P 值越大时，则表明模型的精度越好，并按照 C 值与 P 值对模型的精度进行等级划分（表 4-3）。

表 4-3　精度检验等级表

精度评价等级	P	C
1 级（很好）	$0.95\leqslant P$	$C\leqslant 0.35$
2 级（好）	$0.80\leqslant P<0.95$	$0.35\leqslant C<0.50$
3 级（一般）	$0.70\leqslant P<0.8$	$0.50\leqslant C<0.65$
4 级（不合格）	$P<0.7$	$0.65<C$

4.2.4　空间格局分析

1. 空间格局概况

空间格局是具有多种尺度、多重内涵，以地域作为载体的一种复杂分布状态。空间格局分析运用于协调发展评价中是在区域内的市县（区）空间纬度下，通过对其所包含的各个子系统的结构、相互依存、竞争和合作等关系和功能作用进行分析，结合空间格局的特性，揭示协调发展内在演变规律。空间格局具有以下几个基本特征：

（1）复杂性。指影响区域空间格局的多因素间具有交互作用，且呈非线性关系。多因素具体包括自然因素（如地貌类型、河流的状况及其变动等）、社会因素（就业空间行为、区域文化与宗教传统、居民生产与生活习惯等）和制度因素（经济体制、空间政策、区域规划等）。正是由于这些多因素的存在，区域空间格局具有了复杂性。

（2）层次性。指组成研究区域的各个系统在不同层级的空间尺度，大致可分为微观空间格局（居民个体、企业、政府等）、中观空间格局（具有完整城乡系统的县域空间）、宏观空间格局（国家、超国家和全球空间）。每个不同层次的格局有不同研究范畴，其中微观格局属于空间活动的主体要素，宏观格局强调的是发展和变化的总体空间环境，而中观格局则是介于两者间以区域空间为核心。

（3）整体性。指在各种经济活动中通过特定的空间组织形式把地理空间中分散的各系统要素整合起来，使空间资源得以整合、区域合作得以衔接加强，为经济发展和空间结构相互作用提供条件。

（4）时滞性。反映空间结构与功能结构调整的速度与调整后变化的漫长过程，这种空间格局的变动调整在短时间内更表现为一种静态格局，只有在较长时期内才能反映出一种动态的地域及空间演变过程。

在实现以生态环境为核心的自然要素与以经济、社会等为主的人文要素在空间中相互作用协调发展过程中，信息技术是一个重要的推动因子。信息技术的快速发展不仅扩散了经济活动的空间范围，而且改变了人们原有的生产生活习惯与方式，灵活的调整了传统的区域功能及结构，从而引起区域空间格局发生剧烈变化。因此，从空间格局分析区域协调发展的最大优势是紧密的将 EES 系统与地域及其所形成的地域文化等因素融合，使协调发展评价更为全面。

2. 地理信息系统技术

地理信息系统（geographic information systems，GIS）是在计算机技术系统的支持下，以地理空间为载体，通过地理模型分析法对空间中动态的地理分布数据及信息进行观测、收集、运算、描述、分析，并为地理和相关学科的研究和决策提供依据。

该系统也是地理学、遥感和计算机科学等多种学科交叉的产物，已被广泛地应用于科学调查、财产管理、发展规划等不同领域，特别是在资源与环境研究及应用领域中有技术先导的作用。GIS技术具体是将表格型数据转换为地理图形显示，然后对显示结果浏览、操作和分析。地图这种独特的视觉化效果和地理分析功能与一般的数据库操作（如查询和统计分析等）集成在一起，该技术不仅可以有效地管理具有空间属性的各种资源环境信息，并对其管理和实践模式可以快速反复的测试分析，而且还可以有效地对不同的多个时期的资源环境状况进行动态监测和对比，从而形成将数据收集、空间分析和决策过程融为一体的信息流，进而解决其空间和时间的非重复性和非均匀性问题，以科学的技术手段高效服务于资源环境。

4.2.5 主成分分析法

主成分分析法（PCA）作为多元统计分析中的主要方法，是通过将多个变量降维处理，线性变换，从而提取出少数几个代表性较强的综合因子来代表原来众多的变量，并能充分反映原来绝大多数的信息含量，其实质是减少众多关联变量，选出重要变量的一种多元统计分析方法。该分析方法的基本思路是：在对构建的体系中所选取的众多指标数据进行无量纲化处理的基础上，采用方差最大法或四次方最大法等对因子进行旋转和降维处理，从而得到主控因子特征值、方差贡献率、累积贡献率以及载荷矩阵等，以此来衡量各个主成分（即主要因子）的重要程度，及其所代表的指标所反映的内容。该方法最大优势是可以有效客观的提取众多影响因素的主要因素，对分析研究客体更具有针对性和指示性。

鉴于此，本书借助SPSS分析软件，运用主成分分析法找到影响EES系统协调发展的主控因子，即用较少的变量来分析影响EES系统协调发展的主要原因，进而为更有针对的提出对策提供依据和方向。

主成分分析法具体步骤如下：

(1) 相关系数矩阵$\boldsymbol{R}$，即反映各指标经归一化处理后的取值之间的相关系数，矩阵如下：

$$\boldsymbol{R}=\begin{bmatrix} r_{11} & r_{12} & \cdots & r_{1p} \\ r_{21} & r_{22} & \cdots & r_{2p} \\ \vdots & \vdots & & \vdots \\ r_{p1} & r_{p2} & \cdots & r_{pp} \end{bmatrix} \tag{4-33}$$

在公式中指标 x_i 与 x_j 的相关系数为 r_{ij}（$i，j=1，2，\cdots，p$），按以下计算可得

$$r_{ij}=\frac{\sum_{k=1}^{n}(x_{ki}-\overline{x_i})}{\sqrt{\sum_{k=1}^{n}(x_{ki}-x_i)^2\sum_{k=1}^{n}(x_{kj}-\overline{x_j})^2}} \tag{4-34}$$

（2）计算特征值和特征向量。依据方程［$\lambda E-\boldsymbol{R}$］$=0$，得到特征值 λ_i（$i=1，2，\cdots，p$），并对其进行排序，得到 $\lambda_1\geqslant\lambda_2\geqslant\lambda_3\geqslant\cdots\geqslant\lambda_i\geqslant0$，求出与特征值 λ_i 相应的特征向量 $\boldsymbol{e}_i$（$i=1，2，\cdots，p$）。

（3）计算各主成分的贡献率与累计贡献率。第 i 个主成分的方差在全部方差中所占比重称为贡献率，其不仅反映了原来 p 个指标的信息，而且代表该主成分的影响程度。累计贡献率通过 k 个主成分的方差和在全部方差中所占的比重来表示前 k 个主成分总共的综合能力和累计影响程度。通常累计贡献率在 85%～95% 的特征值，被提取为主成分，其决定着主成分的提取个数。主成分 Z_i 的贡献率及累计贡献率的公式分别为

$$\frac{\lambda_i}{\sum_{i=1}^{p}\lambda_i} \quad (i=1，2，\cdots，p) \tag{4-35}$$

$$\frac{\sum_{i=1}^{k}\lambda_i}{\sum_{i=1}^{p}\lambda_i} \quad (i=1，2，\cdots，p) \tag{4-36}$$

（4）计算主成分载荷值，并建立因子载荷系数矩阵，从而可以推算出主成分的得分。公式与矩阵分别为

$$l_{ij}=p(z_i，x_j)=\sqrt{\lambda_i}e_{ij} \quad (i=1，2，\cdots，p) \tag{4-37}$$

$$\boldsymbol{Z}=\begin{bmatrix} z_{11} & z_{12} & \cdots & z_{1m} \\ z_{21} & z_{22} & \cdots & z_{2m} \\ \vdots & \vdots & & \vdots \\ z_{n1} & z_{n2} & \cdots & z_{nm} \end{bmatrix} \tag{4-38}$$

（5）因子载荷系数是通过对因子载荷矩阵进行方差最大化旋转，这种旋转是一种正交旋转方法，这样可以简化公共因子，并实现其具有最高载荷的变量值达到最小。

（6）对主成分综合评价。通过对已提取的主成分进行加权求和，得出最终评价值，然后采用一般回归分析法对所提取的主成分进行线性回归分析。

第 5 章　EES 系统协调发展的时序实证分析——以志丹县为例

通过前面章节对协调发展评价方法介绍的基础上，本书以黄土丘陵区志丹县为研究区域，基于 DPSIR 概念框架模型，建立了区域 EES 系统的协调发展评价指标体系，采用模糊隶属度协调发展模型和变异系数协调发展模型，对其 1997 年至 2010 年生态-经济-社会（EES）复合系统的协调发展度进行全面评价，并在此基础上预测未来的发展趋势，以期为县域尺度生态、经济与社会协调发展提供借鉴。

5.1　研究区概况

5.1.1　自然环境概况

志丹县位于陕北黄土高原丘陵沟壑区，地理位置介于东经 108°11′56″～109°3′48″，北纬 36°21′23″～37°11′47″。东部相接安塞县，西北部相连靖边县与吴起，东南部毗邻甘泉、富县，西南部与华池县、合水县交界。以洛河、杏子河、周河将该区域划分为西川、中川、东川三个自然区域（图 5-1）。地势由西北向东南倾斜，平均海拔达 1093～1741m。志丹县属温带大陆性季风气候区，四季变化明显，但分配不均，年平均日照时间为 2332h，年平均气温 7.8℃，年均降水量 520mm。

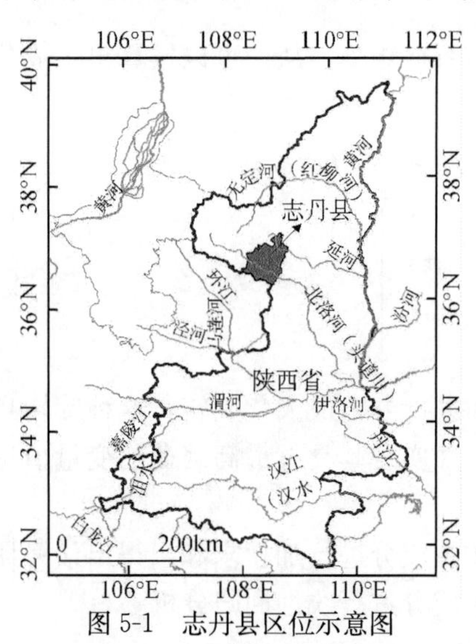

图 5-1　志丹县区位示意图

志丹地貌属以梁峁为主体的黄土梁峁丘陵沟壑区。境内沟壑纵横，梁峁密布，山高坡陡，沟谷深切，基岩裸露。沟间地占全县总土地面积的 40%，沟谷地占 60%。截至 2010 年，全县农业用地和林业用地分别为 4.8133 万 hm^2、11.0623 万 hm^2，共计土地面积 37.81 万 hm^2；该区域由于水土流失严重，故退耕还林（草）工程实施时间长、任务量大，是植被修复的重点示范区域之一。该区域生态修复大致由实施（1997～2005 年）和巩固恢复（2006～2010 年）两个阶段构成，取得小流域治理 102 条，水土流失治理面积 23.80 万 hm^2，治理度达到 71.1%，累计退耕还林13.289 万 hm^2,平均造林成活率及森林覆盖率分别达 94%、68.8%（图 5-2）。

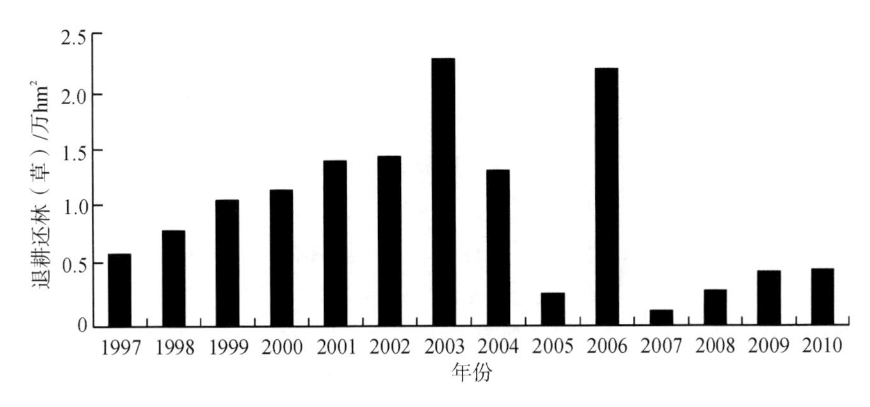

图 5-2　1997～2010 年志丹县退耕还林（草）面积

5.1.2　社会经济概况

全县辖有 11 个乡（镇)、200 个行政村，总人口 15.2547 万（2010 年），其中农业人口 7.8847 万，人口自然增长率 6%。全县经济发展迅速，实现了由全国贫困县转变为百强县的目标，生产总值增长 12%，地方财政收入达 11.5 亿元，占财政总收入的近一半，社会固定资产投资 25 亿元，社会消费品零售总额实现 3.5 亿元，在人均纯收入中，农民及城镇居民分别达到 3000 元和 10 500 元；研究区主要有杏子、豆类、荞麦、小米等农产品，形成以谷、豆、薯为主的小杂粮主导产业，并支撑全县农业农村的经济发展；研究区自然资源主要有石油、天然气和白土，其中富集的石油具有埋藏浅、油质好、易开采等特点，探明储量约达 1 亿 t,仅可供开发面积为 2916 平方公里，该区域石油工业对经济快速发展有极大的助推作用，占地区生产总值的 92.4%，显然石油工业是工业体系中的主导，为农副产品加工业等后续产业提供保障（图 5-3)。

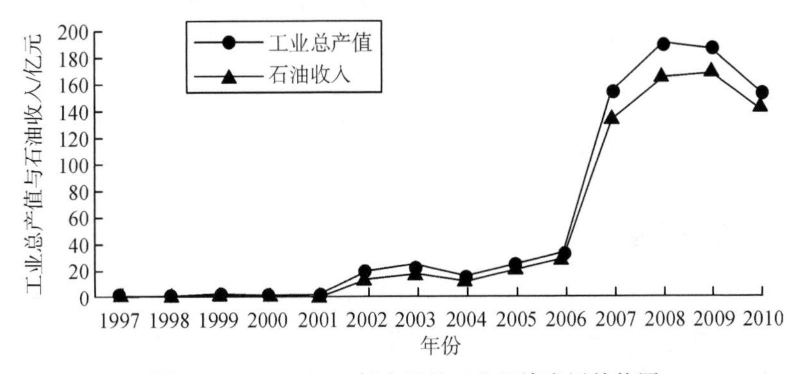

图 5-3　1997～2010 年志丹县工业经济发展趋势图

5.2 EES 系统协调发展评价步骤

5.2.1 建立 DPSIR 评价指标体系

基于 PSR 和 DSR 模型（OECD，1993；Elliott，2002），DPSIR 概念模型通过分析指标构成要素间相互的作用力所产生的压力和对状态的改变，从而探究其原因并得以解决，按照该思路和因果逻辑关系监测指标间持续反馈与作用的机理（Runsheng et al.，2010），是寻找人类经济社会活动与生态影响之间因果链的有效途径。因此，本书基于 DPSIR 概念模型，参照全面建设小康社会指标体系及中国社会科学院提供的主要社会指标体系（司蔚，2012），从指标的可获取性出发，结合研究区资源禀赋、经济发展方式及生态修复等多重目标，建立了志丹县 EES 系统协调发展评价指标体系：在该区域资源型经济发展的“驱动力”下，石油的需求和开发力度与日俱增，给生态系统带来巨大的“压力”，使生态环境、经济总量及社会结构等“状态”发生变化，严重“影响”着生存环境、经济社会的持续性发展，通过生态修复工程退耕还林（草）的实施和转变经济发展方式等“响应”来解决生态、经济与社会间的矛盾，维持生态、经济和社会系统的协调性和持续性（徐建华，2003；Adriaanse，1993）。依据上述思路建立 EES 系统 DPSIR 评价指标框架（图 5-4），具体指标见表 5-1。

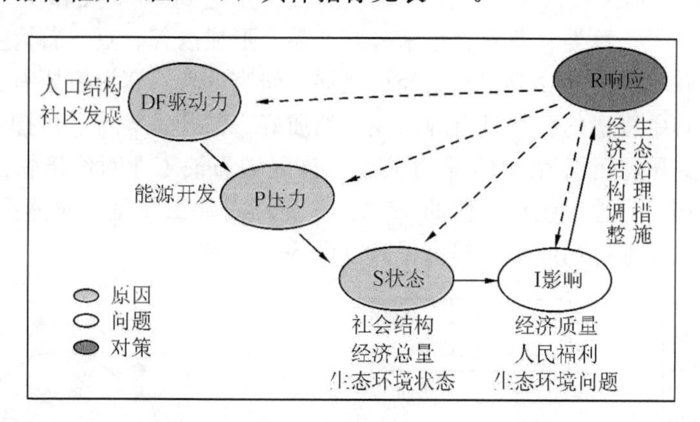

图 5-4 县域协调发展评价指标框架

5.2.2 数据获取及整理

数据来源于实地调研和研究区的统计年鉴，从 1997～2010 年，共 14 年，同时贯穿于生态修复的前期（1997～1998 年）、试验（1999～2000 年）、全面实施（2001～2003 年）、结束（2004～2005 年）、恢复（2006～2010 年）的全过程。其中降雨量、水土流失率等生态数据通过林业站长期定位观测收集，关于民生等指标数据由实地调研获取，其他指标数据源自志丹县统计年鉴。

不同指标其度量单位均不尽相同，需要对其进行统一度量后才可采用协调发展综合评价模型进行整体评估，各指标对于协调发展的贡献不尽相同，有正负之分，选取退耕还林还草工程退耕面积、植被覆盖率、年降水量、地区生产总值、人均收入、人均住房面积、医保参与人数等作为正向指标，其变化与协调发展正相关；选取水土流失率、第一产业比重、人口自然增长率、恩格尔系数等作为协调发展负相关指标，参照本书 4.3 节级差标准化法通过 SPSS 11.5 对数据进行标准化处理（归一化），取值区间为［0，1］，得到各指标特征值。

5.2.3　指标权重的获取

采用均方差法获取各指标权重，上述方法在第 3 章已作介绍，此处不再赘述。权重计算结果见表 5-1。

表 5-1　志丹县协调发展评价指标体系及权重

目标层	系统层	要素层	指标（权重）
生态经济社会复合系统	生态系统 $f(x)$	生态环境状态	x_1植被覆盖率（0.275）
		生态环境问题	x_2年均降水量（0.244）；x_3水土流失率（0.240）
		生态治理措施	x_4退耕还林（草）面积（0.241）
	经济系统 $g(y)$	经济总量	y_1地区生产总值（0.084）；y_2地方财政收入（0.077）；y_3农林牧渔总产值（0.067）；y_4工业总产值（0.083）；y_5粮食总产量（0.057）；y_6石油总收入（0.061）
		经济质量	y_7人均地区生产总值(0.083)；y_8农民人均收入(0.059)；y_9 第一产增长率(0.061)；y_{10}第二产增长率(0.052)；y_{11}第三产增长率(0.058)
		经济结构	y_{12}第一产业比重(0.082)；y_{13}第二产业比重(0.089)；y_{14}第三产业比重(0.088)
	社会系统 $h(z)$	人口结构	z_1人口密度（0.070）；z_2人口自然增长率（0.063）；z_3 农村从业人数（0.061）
		社会结构	z_4第二产业从业人数（0.079）；z_5第三产业从业人数（0.068）
		社区发展	z_6年客运量人数（0.087）；z_7道路里程（0.072）；z_8人均住房面积（0.058）；z_9乡村电话用户（0.080）；z_{10}各类学校数（0.080）；z_{11}拥有卫生技术人数（0.065）
		人民生活	z_{12}社会保障参与人数（0.070）；z_{13}农民恩格尔系数（0.068）；z_{14}人均教育支出比重（0.079）

5.3 EES系统协调发展评价结果及分析

5.3.1 EES 系统综合指数分析

本书采用层次分析法的多指标线性加权评价模型求得生态指数 $f(x)$、经济指数 $g(y)$ 和社会指数 $h(z)$，分别用来表征生态环境系统、经济系统与社会系统的功能量大小和发展的整体状况，第 3 章已详述，此处不再赘述。

1. 生态指数

生态指数整体呈波动式上升的趋势。最低值为 1998 年的 0.135，最高值为 2010 年的 0.719，明显高于 14 年均值 0.501（图 5-5）。其中 2000～2003 年为以退耕还林（草）工程为主体的生态修复大规模实施阶段，有效地增加了植被覆盖，水土流失有所缓解，生态环境得以改善。在这一阶段，研究区生态指数增幅较大，为 71.4%，主要归功于累积退耕和造林面积，分别为 103.2hm^2、83.35hm^2。从 2004～2005 年退耕规模逐渐放缓，生态指数尽管有所下降，但仍高于经济和社会指数。2006～2010 年进入生态巩固时期，前期生态指数虽有所下降，但随着生态系统日趋稳定，生态修复的后发效应逐渐发挥作用，生态指数趋于稳定，其平均值为 0.67，与 1997～2003 年和 2004～2005 年相比生态指数平均值分别增加了 23%和 16%；截止到 2010 年，研究区水土流失等生态问题得到明显改观，最突出的是森林覆盖率和水土流失治理度，分别达到 67.2%和 71.1%。

2. 经济指数

从绝对差异分析经济指数（图 5-5），2010 年最高（0.723）是 1997 年为最低（0.087）的 8.3 倍，由此可见，1997～2010 年志丹县的经济发展水平存在较大差异。从相对差异分析，志丹县 14 年经济指数的均值为 0.386，其中 1997～2005 年经济指数增加了 47.6%，年均增幅 5%，为快速发展时期，2006～2010 年经济指数增加了 21%，年均增幅 4%，为稳定发展时期。然而，经济快速发展时期指数尽管增速较快，但平均值仅占稳定发展期均值的 37%，整体水平较低。这主要是因为在退耕初期，传统的农业结构和粗放的经营方式是该区域经济发展的主体，并且第二、三产业才逐步壮大，因此，地区生产总值、农民人均收入、地方财政收入及工业总产值等均处于较低水平，随着经济体制的不断完善，经济指数逐渐趋于稳中有增的态势。

3. 社会指数

由图 5-5 可看出志丹县 1997 年至 2010 年社会指数整体呈上升趋势，2010 年的社会指数较 1997 年增加了 76.8%，年均增幅 5.5%。在 1997～2002 年处于退耕还林的初期，由于生态的时滞效应，资金的大量投入及社会进步缓慢，期间社会指数增幅较小，增加了 16.3%，年均增幅 2.7%；2003～2010 年随着退耕还林大规模的实施，生态效应初见效果，社区基础设施的改善，社会结构及人民生活水平的调整与提高，使该时期社会指数增加了 52%，年均增加率为 6%，社会进步显著。

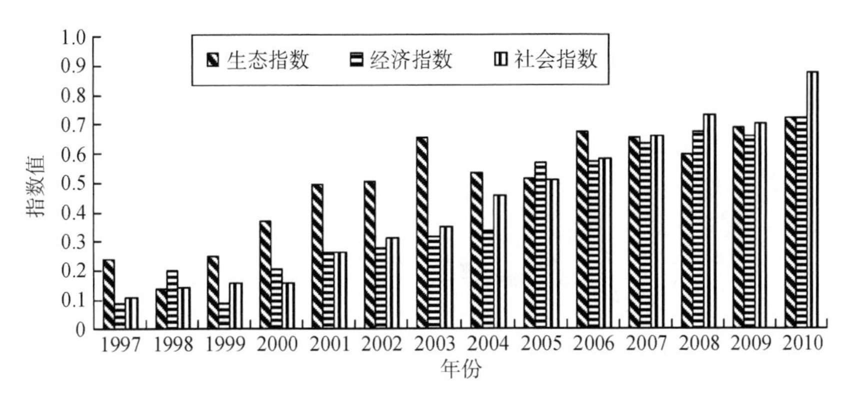

图 5-5　志丹县社会指数、经济指数及生态环境指数变化情况

5.3.2　生态-经济系统协调发展分析

1. 生态-经济系统协调度

从图 5-6 可以看出，志丹县生态与经济系统的静态协调度总体水平较低，且呈波动变化。14 年间有 6 个年份（1998 年、2003 年、2005 年、2007 年、2008 年、2010 年）均低于其均值（0.6511），表现出生态-经济系统静态协调度水平整体偏低，其中波幅最大出现在 1998～1999 年，幅度高达 94%，这主要是由于退耕还林政策开始实施的外在拉力作用造成的。由此可见，近十几年来，志丹县生态系统的治理与经济系统的发展并非呈同步协调的态势，生态系统的长周期性、不确定性和复杂性给其经济持续发展形成一定的制约条件，影响了经济系统的快速发展。相比而言，动态协调度相对平滑，大多年份围绕在其均值（0.6678）的左右，仅在 1998 年，由于静态协调度基数太低造成动态协调度下降显著，降幅达 0.4162，说明志丹县生态与经济系统基本上处于动态协调状态。

2. 生态-经济系统发展度

由图 5-7 看出，1997～2010 年志丹县生态与经济的发展度呈直线上升的趋势，整体而言可以分为三个阶段：初级发展阶段（1997～1999 年）、快速发展阶段（2000～2005 年）、稳定发展阶段（2006～2010 年）。初级发展阶段呈现发展水平普遍低，发展度波动很小的特征，该时期的生态系统没有任何外在驱动力作用，生态治理和保护都处于原始状态，而经济的发展也是初级发展水平，因此其发展度水平明显低于均值（0.4509）；快速发展阶段中生态系统在退耕还林政策的外在驱动下，尤其是在2002～2003年，退耕还林实施规模最大，使得生态治理明显加强，生态环境得到明显改善，同时经济发展由单一农业产业的发展拓展到石油工业的发展，从2002年起，石油工业对经济的贡献迅猛增加，对经济快速发展起到推进器的作用；稳定发展阶段中尽管退耕还林的规模有所下降，但生态系统的后发效应逐渐显现，为经济发展提供良好的环境，与此同时，第二、三产业得到快速发展，经济呈现多元化，使得生态与经济系统间向着同步良好的态势发展。

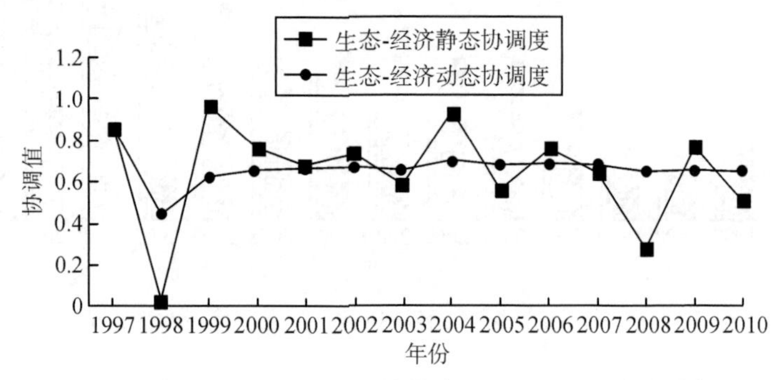

图 5-6 志丹县生态-经济系统静态及动态协调度变化趋势

3. 生态-经济系统协调发展度

由图5-7可以看出，整体而言，生态-经济协调发展度的变化同其发展度趋于同步变化，只是其协调发展综合水平整体低于发展水平。从绝对差异分析，最高协调发展度为2010年（0.3384），最低协调发展度为1998年（0.0126），年均增幅为2.3%。由此可见，研究区在14年间虽然协调发展水平逐年趋于好转，但是其整体水平偏低，且增幅缓慢，这主要是因为协调发展水平表示的是协调度和发展度的综合水平，而由于协调水平整体偏低，直接影响协调发展水平，致使生态与经济系统呈现严重失调状态。

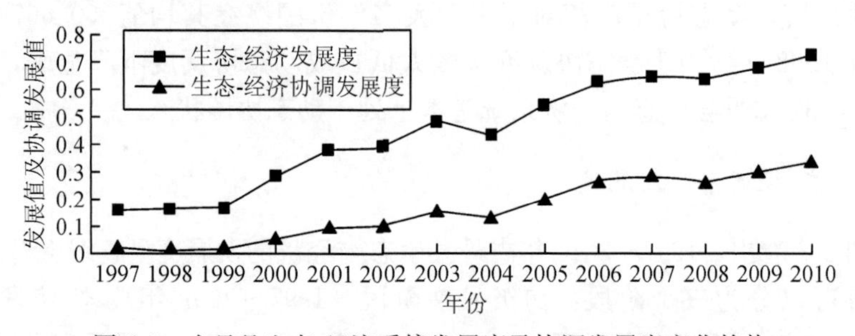

图 5-7 志丹县生态-经济系统发展度及协调发展度变化趋势

5.3.3 生态-社会系统协调发展分析

1. 生态-社会系统协调度

由图 5-8 可见，生态-社会静态协调度整体呈波浪式无规律变化，且波幅较为明显。从相对差异分析，1997～2010 年静态协调度均值为 0.5900，有一半的年份均低于均值，说明静态协调整体水平较低；从绝对差异分析，静态协调度最高值（0.9846）是最低值（0.0629）的 15.7 倍，充分表明静态协调度差异显著。14 年间低谷和顶峰的年份分别是 1998 年、2010 年和 2004 年、2005 年，1998 年、2010 年恰是退耕还林实施前和巩固期，这两个时期生态系统处于完全不同的状态，而社会发展程度也差别很大，正是由于生态系统对社会系统的协调发展系数 $u(x/z)$ 与社会系统对生态系统的协调发展系数 $u(z/x)$ 间的巨大差异，致使这两个年份为生态-社会系统协调水平的最低点。而 2004 年与 2005 年正是退耕还林实施基本结束期，其生态效应逐渐发挥作用，尤其对水利等基础设施的改善有积极作用，使得生态-社会系统的差异大大缩减，更向同步方向靠拢，实现 14 年中最高协调点。动态协调度相对静态协调度而言，趋于稳定平缓变化，仅 1998 年有所下降，其他年份波幅很小，说明随着时间推移，协调水平整体动态呈好转变化趋势。

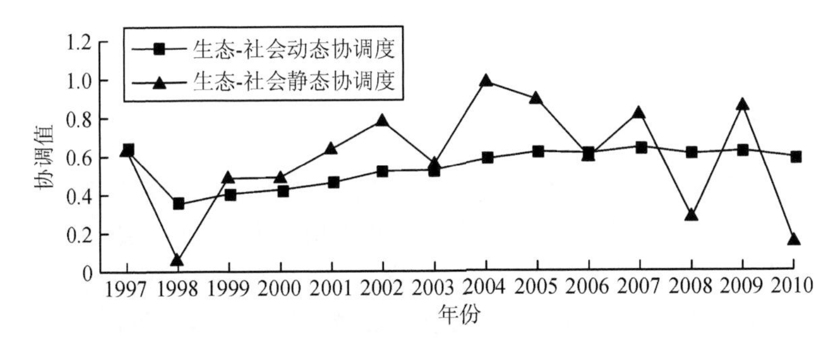

图 5-8　志丹县生态-社会系统静态及动态协调度变化趋势

2. 生态-社会系统发展度

生态-社会发展度呈逐年上升趋势（图 5-9），其最低值（0.1395）出现在 1998 年，2010 年达最高值（0.7955），其中 1997～2002 年发展度均低于年均值（0.4649），处于缓慢发展期，2003～2010 年发展度整体水平趋于稳步提高，处于稳定发展时期。该时期随着退耕还林政策的正式大规模实施阶段，生态功能的作用逐渐发挥作用，尤其是对人居环境的改善，水土流失的治理，基础设施的建设等方面有着重要的作用，使得生态指数同社会指数明显增加，从而保持生态-

社会系统趋于稳定发展。

3. 生态-社会系统协调发展度

从图 5-9 中可以看出，生态-社会协调发展度显然整体低于其发展度，呈小幅波动增长趋势，1998 年最低值仅为 0.0175，2010 年最高值为 0.2769，14 年均属于严重失调状态。究其原因有：第一，生态系统自身的不确定性，波动性对社会系统造成的影响；第二，仅考虑生态与社会系统的关系，忽视了作为生态和社会系统纽带的经济系统，使经济资金提供和保障力量等功能不能发挥，致使生态同社会系统难以实现协调发展的状态。

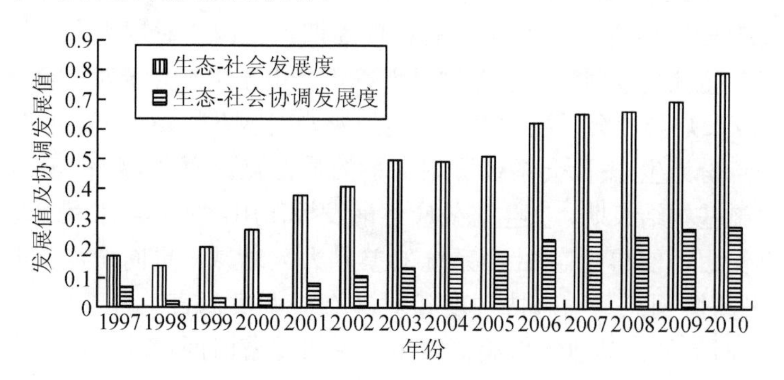

图 5-9 志丹县生态-社会系统发展度及协调发展度变化趋势

5.3.4 经济-社会系统协调发展分析

1. 经济-社会系统协调度

经济-社会系统静态协调度整体呈波动式下降趋势，2008 年最高值（0.9931）是 2010 年最低值（0.2947）的 3.4 倍，14 年平均值为 0.755（图 5-10），由此可见，其变化差异之大。综合而言，有三个转折时点分别是 1999 年、2005 年和 2010 年，其中 1999 年世纪之末，志丹县主要经济社会发展指标与西部及全国百强县平均数相比“高少低多”，还是一个经济弱县，因此使得 $u(y/z)$ 与 $u(z/y)$ 差距拉大，协调度较低；2005 年协调度下降是由于经济结构不合理，三大产业的结构性矛盾突出，尤其是非公有制经济产值仅占到 GDP 的 6.3%，使社会的发展受到制约和限制；2010 年虽然经济发展加速，而社会发展落后于经济增长，尤其是教育质量与经济发展水平和群众愿望不相适应，致使经济-社会静态协调度明显下降。与静态协调度相比，动态协调度相对平滑，呈稳中有升的趋势，可见随着时间推移，动态协调度整体趋于好转，这充分说明尽管静态短期的某个年份的发展并不协调，但其长期动态发展趋势是不断趋于协调。

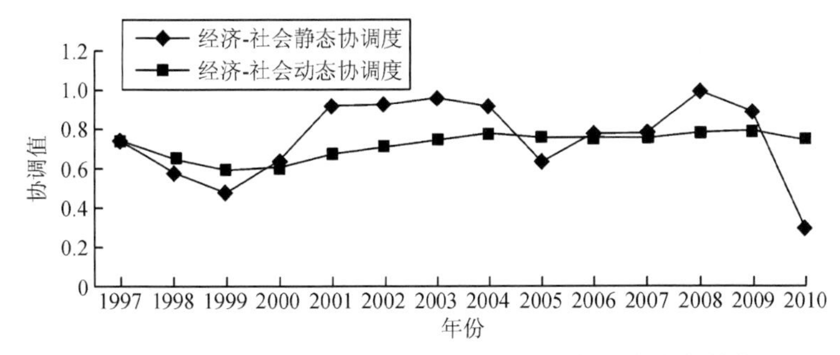

图 5-10　志丹县经济-社会系统静态及动态协调度变化趋势

2. 经济-社会系统发展度

经济-社会系统发展度整体呈上升趋势（图 5-11），2010 年最高值（0.7975）是 1997 年最低值（0.0987）的 8.1 倍，其中 2005～2010 年的发展度均高于 14 年的均值（0.4146），这说明志丹县经济与社会发展水平存在较大差异。与生态-经济系统、生态-社会系统的发展度相比，其最大的特点是波幅小，发展整体水平低于其他两者，这也反映出经济与社会的相对稳定性和可调控性，同时从一定意义折射出生态系统的功能：一是生态自身的复杂和随机性对经济和社会的发展有直接的影响，带动其变化波动性明显；二是生态系统是经济和社会系统的基石，忽视生态，单考虑经济和社会的发展水平，必然使得其整体水平较低。

3. 经济-社会系统协调发展度

经济-社会协调发展水平随着时间推移不断提高，最高的年份是 2010 年（0.4546），最低的是 1999 年（0.0444），14 年的均值为 0.2335，其中低于均值的年份达到 7 个，占 14 年的 50%（图 5-11），说明志丹县域经济与社会协调发展水平在较快提高的同时，时序差异依然明显。同时，与生态-经济系统、生态-社会系统的协调发展水平相比，经济-社会系统的协调发展水平明显高于两者，由此可见，志丹县的经济发展与社会进步的同步性要优于生态与经济及生态与社会的协调发展程度。

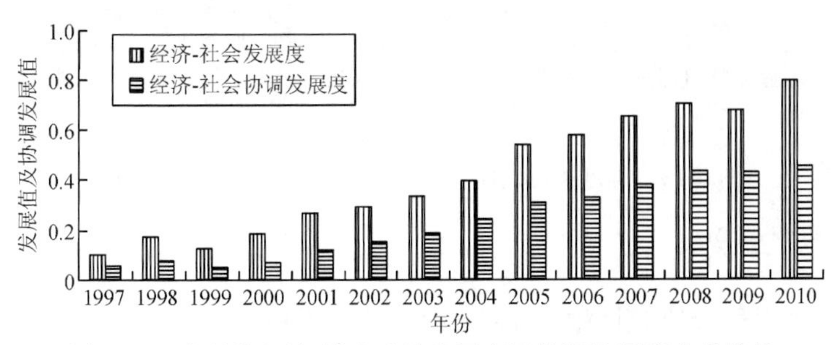

图 5-11　志丹县经济-社会系统发展度及协调发展度变化趋势

5.3.5 EES 系统协调发展分析

通过上述两两系统间的协调发展评价分析，充分说明生态-经济-社会三者是一个有机的整体，相辅相成，缺一不可，忽略某一系统都会造成彼此间严重失调的后果。同时，各系统之间存在十分复杂的关系，单因素、单目标以及线性分析方法显得无能为力。因此，对三者综合的协调发展评价更为必要。

1. EES 系统协调度

协调度可以反应研究区社会-经济-生态环境平衡程度。本书参照经济与环境协调发展类型及评价标准（刘涛，2011；刘新卫等，2008；刘伟德，2001），结合志丹生态、经济社会发展的具体情况，将 0.9 作为协调临界阈值，定义大于 0.9 为协调型，小于 0.9 为相对失调型。分析结果得出，在退耕还林政策实施前（1997 年），研究区协调度较高（大于 0.9），这主要是由于研究区社会、经济和生态指数值均较低且比较接近（图 5-12）；由于退耕还林（草）工程逐步大规模实施（1998～2003 年），生态指数增幅明显较社会和经济指数大，分别是其的 2.4 倍和 4.1 倍，从而导致 EES 系统指数离差增大，协调度均低于 0.9，有所下降，EES 系统处于相对失调状态。随着生态系统的不断修复和巩固、经济的持续发展和社会日益稳定，2004～2010 年，EES 系统指数离差明显减小，协调度显著增加，该期间的平均值均高于 0.9，是 1998～2003 年的 1.2 倍，可见志丹县 EES 系统已经趋于平衡，并处于协调发展阶段。然而协调度的高低只能反映生态-经济-社会系统间的协调程度，并不能代表其发展水平，正如 1997 年虽然协调程度较高，但其生态、经济和社会指数均处于较低水平，是一种低发展水平的协调，因此有待于对研究区发展度进行评估。

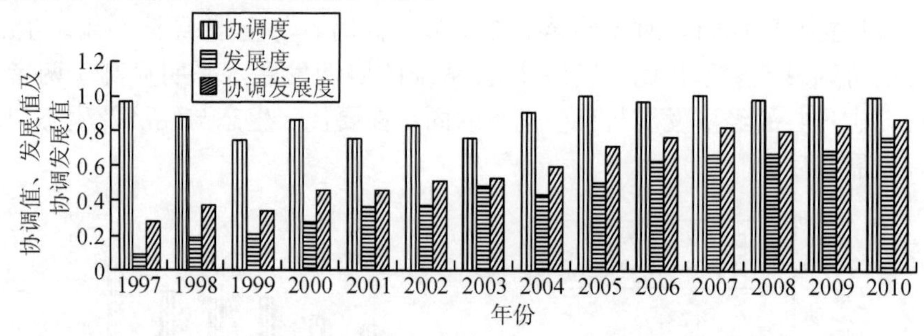

图 5-12　志丹县协调度、发展度及协调发展度变化情况

2. EES 系统发展度

发展度可以反应研究区生态-经济-社会总体发展水平，图 5-12 表明志丹县总体发展水平呈上升趋势。1997 年最低，仅为 0.086，2010 年最高，为 0.766，发

展度均值为 0.449，在退耕还林实施阶段（1999～2005 年），研究区生态指数显著增加。在生态治理的同时指标道路里程、住房面积及经济基础对应的数值明显提高，发展度显著增加，这与生态修复所产生的连带拉动促进作用是分不开的。2005 年的发展度是 1997 年的 6 倍，年均增幅 66%，在 2006～2007 年发展度增加了 3.8%，年均增幅 1.9%，尽管与前 9 年相比发展度的增长速度有所减缓，但是在生态环境日趋稳定平衡、经济稳定增长、社会持续进步的共同作用下，该时期发展度水平均高于 14 年的平均值，处于良性高水平的协调发展时期。

3. EES 系统协调发展度

协调发展度在反映生态-经济-社会系统间的协调程度的同时，也反映出复合系统的整体发展水平，是全面综合评估研究区 EES 系统协调发展的有效指标。依据第 4 章中协调发展判定标准（表 4-1），本书对志丹县 14 年 EES 系统协调发展度进行分类，结果表明，1997～2010 年志丹县协调发展度可以分为协调发展、亚协调发展和失调衰退 3 个大类，及优质协调发展、良好协调发展、中级协调发展、初级协调发展、轻度失调衰退、中度失调衰退和严重失调衰退 7 个亚类（表 5-2）。在 1997～2003 年，工业起步缓慢、人口增长过快，协调发展水平处于失调衰退类，随着退耕还林大规模实施，协调发展程度由严重失调亚类向中度失调亚类转变，但仍然属于经济滞后或社会滞后型。随着退耕还林政策实施的结束（2004～2005 年），志丹县生态环境、社会经济发展状况得到一定程度的改善，出现失调衰退类向亚协调发展类过渡和轻度失调衰退亚类向初级协调发展亚类转变的局面，尽管如此，随着退耕规模的减小与生态修复初期的脆弱性和不稳定性，生态滞后已见端倪。在 2006～2010 年，退耕还林（草）进入恢复时期，志丹县协调发展度呈现中级协调发展亚类向优质协调发展亚类的良性转变，表明生态修复、调整经济结构、推动社会进步对区域 EES 系统实现协调发展有着积极的推动作用。然而研究区仍存在不同程度的社会、经济或生态滞后的现状，依然成为生态-经济-社会持续协调发展的限制因子。

表 5-2　志丹县生态-经济-社会协调发展类型

年份	协调发展大类	协调发展亚类	协调发展亚型
1997	失调衰退类	严重失调衰退类	生态平衡，经济滞后型
1998		严重失调衰退类	经济发展，生态滞后型
1999		严重失调衰退类	生态平衡，经济滞后型
2000		严重失调衰退类	生态平衡，社会滞后型
2001		中度失调衰退类轻度	生态平衡，经济滞后型
2002，2003		失调衰退类	生态平衡，经济滞后型

续表

年份	协调发展大类	协调发展亚类	协调发展亚型
2004	亚协调发展类	濒临失调衰退类	社会进步，经济滞后型
2005		勉强协调发展类	经济发展，生态滞后型
2006	协调发展类	中级协调发展	生态平衡，经济滞后型
2007，2008，2009		中级协调发展	社会进步，生态滞后型
2010		良好协调发展	社会进步，生态滞后型

5.4　EES 系统的协调发展灰色预测分析

5.4.1　预测步骤

依据灰色动态系统预测模型即 GM(1，1)，概括其预测步骤为：首先一次累加初始数据产生新的数据，然后建立相应的影子方程，并用最小二乘法拟和估计待定参数，得到预测模型，并对其参差进行检验，检验合格后方可预测，详细公式参照本书 4.2.3 节，在此不再赘述。需要强调的是书中预测模型的假设条件是未来五年没有发生重大生态灾害和较大经济危机。

5.4.2　数据来源

预测分析是以研究区域的前期相关数据为样本数据，通过灰色系统预测模型中单序列一阶线性动态模型即 GM(1，1)进行预测，然后利用 4.2.3 节介绍的变异系数协调发展模型预测其协调发展状态。具体是以志丹县 1997～2014 年的生态指数、经济指数、社会指数为原始数据序列，构建相应的生态指数、经济指数、社会指数的灰色预测模型方程，预测志丹县 2014～2019 年的三个指数变化趋势，并对预测模型进行检验，确保预测评价的可信度。

$$E=1-\frac{\sum_{t=1}^{T}(Q_o^t-Q_m^t)^2}{\sum_{t=1}^{T}(Q_o^t-\overline{Q}_o)^2} \tag{5-1}$$

式中，E 为 Nash 系数，Q_o^t为 t 时刻的观测值，Q_m^t 为 t 时刻的拟合值，$\overline{Q}_o$ 表示观测值的平均值。E 取值范围为［$-\infty$，1］，小于 0，则模型不可信，接近 0 表示模拟结果接近观测值的平均值水平，总体结果可信，但模拟误差大；接近 1，表示模拟质量好，模型可信度高。

由表 5-3 可知，建立的生态指数函数预测模型精度基本可靠，但 Nash 系数接近 0，表示模拟结果总体可信，但是误差大，主要是与生态滞后效应及其不可预知的特性等因素有密切关系；相比之下，建立的经济指数函数预测模型与社会指数函数预测模型的精度可靠，C 值都较生态指数函数模型小，P 值均为 1，精度达到很好，Nash 系数均接近 1，可信度很高。

表 5-3　指数预测模型与精度检验参数

指数类型	灰色系统 GM(1,1)　预测模型表达式	均方差比值 C	小误差概率 P	Nash 系数	精度评价等级
生态指数	$x\hat{}(t+1)=4.716\,212e^{0.069\,122t}-4.479\,212$	0.518 5	0.846 2	0.061	3 级(一般)
经济指数	$x\hat{}(t+1)=1.471\,448e^{0.122\,258t}-1.384\,448$	0.310 6	1.000 0	0.888	1 级(很好)
社会指数	$x\hat{}(t+1)=1.325\,287e^{0.133\,063t}-1.214\,287$	0.199 4	1.000 0	0.950	1 级(很好)

5.4.3　预测结果及分析

1. 综合指数预测

(1) 生态指数预测。通过志丹县 1997～2014 年的生态指数函数建立变化预测模型：

$x\hat{}(t+1)=4.716\,212e^{0.069\,122t}-4.479\,212$（模型参数：$a=-0.069\,122$，$b=0.309\,614$）

原始数据	观测值	拟和值	误差	相对误差/%
$x\hat{}(2)$	0.135 00	0.337 53	−0.202 53	−149.909 05
$x\hat{}(3)$	0.249 00	0.361 68	−0.112 68	−45.236 08
$x\hat{}(4)$	0.370 00	0.387 57	−0.017 57	−4.746 77
$x\hat{}(5)$	0.495 00	0.415 31	0.079 69	−16.096 74
$x\hat{}(6)$	0.506 00	0.445 03	0.060 97	−12.047 55
$x\hat{}(7)$	0.650 00	0.476 88	0.173 12	−26.630 24
$x\hat{}(8)$	0.531 00	0.511 01	0.019 99	−3.764 70
$x\hat{}(9)$	0.514 00	0.547 58	−0.033 58	−6.531 22
$x\hat{}(10)$	0.672 00	0.586 77	0.085 23	12.681 79
$x\hat{}(11)$	0.654 00	0.628 76	0.025 24	3.858 89
$x\hat{}(12)$	0.596 00	0.673 76	−0.077 76	−13.044 40
$x\hat{}(13)$	0.690 00	0.721 98	−0.031 98	−4.633 65
$x\hat{}(14)$	0.719 00	0.773 65	−0.054 65	−7.599 33

对当前模型的评价：

$C=0.5185$　一般

$P=0.8462$　好

未来 5 个时刻预测值：

$x\hat{}(t+1)=0.829\,01$

$x\hat{}(t+2)=0.888\,35$

$\hat{x}(t+3)=0.951\ 92$

$\hat{x}(t+4)=1.020\ 05$

$\hat{x}(t+5)=1.093\ 05$

根据模型的精度可知，建立的生态指数函数预测模型精度基本可靠。2015～2019年生态指数持续增加，但幅度不大，这与生态滞后效应及其不可预知的特性等因素有密切关系。但从预测值得出生态指数变化与生态政策的不断完善和实施，生态环境逐步得到改善的状况相一致。

（2）经济指数预测。通过志丹县1997～2014年的经济指数函数建立变化预测模型：

$\hat{x}(t+1)=1.471\ 448e^{0.122\ 258t}-1.384\ 448$（模型参数：$a=-0.122\ 258$，$b=0.169\ 260$）

原始数据	观测值	拟和值	误差	相对误差/%
$\hat{x}(2)$	0.198 00	0.191 36	0.006 64	3.354 29
$\hat{x}(3)$	0.089 00	0.216 24	−0.127 24	−142.805 87
$\hat{x}(4)$	0.204 00	0.244 36	−0.040 36	−19.775 14
$\hat{x}(5)$	0.265 00	0.276 14	−0.011 14	−4.201 86
$\hat{x}(6)$	0.277 00	0.312 05	−0.035 05	−12.648 78
$\hat{x}(7)$	0.316 00	0.352 63	−0.036 63	−11.588 24
$\hat{x}(8)$	0.334 00	0.398 49	−0.064 49	−19.302 13
$\hat{x}(9)$	0.568 00	0.450 31	0.117 69	20.716 42
$\hat{x}(10)$	0.575 00	0.508 87	0.066 13	11.498 73
$\hat{x}(11)$	0.638 00	0.575 05	0.062 95	9.865 67
$\hat{x}(12)$	0.676 00	0.649 83	0.026 17	3.870 81
$\hat{x}(13)$	0.659 00	0.734 34	−0.075 34	−11.430 26
$\hat{x}(14)$	0.723 00	0.829 83	−0.106 83	−14.774 44

对当前模型的评价：

$C=0.3106$　很好

$P=1.0000$　很好

未来5个时刻预测值：

$\hat{x}(t+1)=0.937\ 75$

$\hat{x}(t+2)=1.059\ 70$

$\hat{x}(t+3)=1.197\ 51$

$\hat{x}(t+4)=1.353\ 24$

$x\hat{}(t+5)=$ 1.529 22

根据模型的精度可知，建立的经济指数函数预测模型精度可靠。2015～2019 年经济指数持续增加，这与志丹“十二五”以加快石油工业园区建设，逐步兴起石油配套产业、农副产品加工业和建材业，促进经济的发展政策相一致。

(3) 社会指数预测。通过志丹县 1997～2014 年的社会指数函数建立变化预测模型：

$x\hat{}(t+1)=1.325\ 287e^{0.133\ 063t}-1.214\ 287$（模型参数：$a=-0.133\ 063, b=0.161\ 577$）

原始数据	观测值	拟和值	误差	相对误差/%
$x\hat{}(2)$	0.144 00	0.188 62	−0.044 62	−30.962 93
$x\hat{}(3)$	0.157 00	0.215 46	−0.058 46	−37.213 26
$x\hat{}(4)$	0.159 00	0.246 13	−0.087 13	−54.762 43
$x\hat{}(5)$	0.266 00	0.281 16	−0.015 16	−5.695 73
$x\hat{}(6)$	0.310 00	0.321 17	−0.011 17	−3.602 41
$x\hat{}(7)$	0.348 00	0.366 88	−0.018 88	−5.423 96
$x\hat{}(8)$	0.455 00	0.419 10	0.035 90	7.889 24
$x\hat{}(9)$	0.513 00	0.478 74	0.034 26	6.676 54
$x\hat{}(10)$	0.577 00	0.546 88	0.030 12	5.219 49
$x\hat{}(11)$	0.660 00	0.624 71	0.035 29	5.345 98
$x\hat{}(12)$	0.730 00	0.713 62	0.016 38	2.243 34
$x\hat{}(13)$	0.700 00	0.815 19	−0.115 19	−16.452 72
$x\hat{}(14)$	0.872 00	0.931 20	−0.059 20	−6.788 71

对当前模型的评价：

$C=0.1994$　很好

$P=1.0000$　很好

未来 5 个时刻的预测值：

$x\hat{}(t+1)=$ 1.063 74

$x\hat{}(t+2)=$ 1.215 13

$x\hat{}(t+3)=$ 1.388 07

$x\hat{}(t+4)=$ 1.585 62

$x\hat{}(t+5)=$ 1.811 29

根据预测模型可得该模型精度可靠。2015～2019 年志丹县社会指数不断增加，增幅相对较大，社会将会持续稳步发展。由此可看出，推进社会进步依然是政府的首要任务，这与“十二五”实施“城镇带动、项目支撑”战略，加大市政项目、农村基础设施项目和生态项目的建设等一系列政策措施相吻合。

依据上述预测模型的检验结果，模型构建合理，预测得出未来5年志丹县生态、经济与社会指数变化趋势，对其排序为：社会指数＞经济指数＞生态指数。其中社会指数在2015年至2019年整体呈上升趋势（图5-13），预测到2019年，社会指数较2015年将增加74.8％。由此可见，在退耕还林工程的后发效应及经济持续发展的驱动下，社区综合条件、人口及社会结构以及人民生活水平等方面将呈良性快速发展趋势；经济指数预测在2015～2019年整体呈直线上升趋势，增幅为58％，其中2015～2017年增速比2018～2019年缓慢，预测随着能源工业园区的逐步完善，能源开采技术和方式的不断改进，经济指数不断增加，经济趋于持续稳定发展；生态指数预测整体呈上升的趋势，但与社会指数、经济指数相比，整体增幅较小，2019年生态指数较2015年将增加27％。可见随着退耕力度逐渐降低，进入生态巩固恢复中长期，生态系统逐渐稳固，生态指数趋于稳定，这也说明生态环境在逐步改善的同时仍需要长期巩固其成果，充分发挥其后发优势。总而言之，该区域依托现有的能源产业工业园区的集群化发展，经济仍保持发展态势，并为社会进步发挥支撑和保障作用，社会发展的空间较大。生态与经济、社会发展相比较，仍需继续加大治理力度，巩固现有的生态修复成果。

2. 协调发展度预测分析

依据预测获取的生态、经济、社会指数，运用变异系数协调发展模型，对志丹县协调度、发展度及协调发展度进行预测，得出生态、经济、社会（EES）系统协调发展的各项预测值均呈稳定上升趋势，按其上升速率排序为：发展度＞协调发展度＞协调度。

发展度是衡量研究区生态、经济、社会的总体发展水平。通过预测分析得出：研究区发展度未来5年总体呈现增加趋势（图5-13）。其中2015年最低为0.943，2019年最高为1.478，年平均发展度为1.194。由此可见，未来5年志丹县在社会持续进步、经济稳定增长以及生态环境稳定恢复的共同驱动下，发展基数不断增加，发展度持续提高，但在生态、经济、社会三个系统的共同作用下，发展速度放缓，更趋于持续稳定态势。总之，继续巩固退耕还林成果、重视社区水利、交通等基础设施和能源收入等方面的提升，对研究区生态、社会经济的持续发展依然有着重要的驱动作用。

协调度主要是度量研究区生态、经济、社会三者间的平衡程度。通过预测得出：志丹县2015～2019年协调度整体高于协调临界点0.9，但协调水平趋于下降趋势，这主要是由于研究区社会、经济和生态指数值之间的离差系数较大造成的（图5-13），其中生态指数在自身修复和外在能源开发利用的共同作用下有所波动，而在产业结构的不断调整和工业园区集群化发展牵引下，经济持续发展，在社区建设不断完善和人民生活水平不断提高的带动下，社会发展显著，导致社会、经济和生态指数离差增大，协调度有所下降。因此，如何实现志丹县生态、经济、社会同步协调发展，是其未来发展的重点。

协调发展度是将协调度和发展度综合，全面衡量生态、经济、社会三者的平衡程度及总体发展水平。通过对志丹县 2015～2019 年协调发展度预测，从绝对值分析得出：协调发展度呈稳定上升趋势，较 2015 年相比，2019 年协调度增加 18%；但从相对值分析，协调发展度增幅缓慢，仅 2016～2018 年均增幅为 2.1%，表明未来志丹县生态、经济、社会三者间整体发展为良性的平衡协调发展状态；但生态的相对滞后，生态、经济、社会三者协调程度较低仍将是持续协调发展的制约因子。

上述模型的建立和预测是以现有变化速率变动为假设条件，依据现状对未来协调发展的变化趋势进行描述及预测，其预测结果只是表征未来和现状之间的差别，并不是真正意义上的协调度、发展度和协调发展度。因此，无论协调度、发展度、协调发展度的绝对值是多少，只要这些值是增加的，就可以说明志丹县的发展是不断协调的。由模型对志丹县的实证分析结果看，模型评价结果与研究区实际发展状况相符合，这也证明该模型在综合评价县域协调发展中是科学有效的。

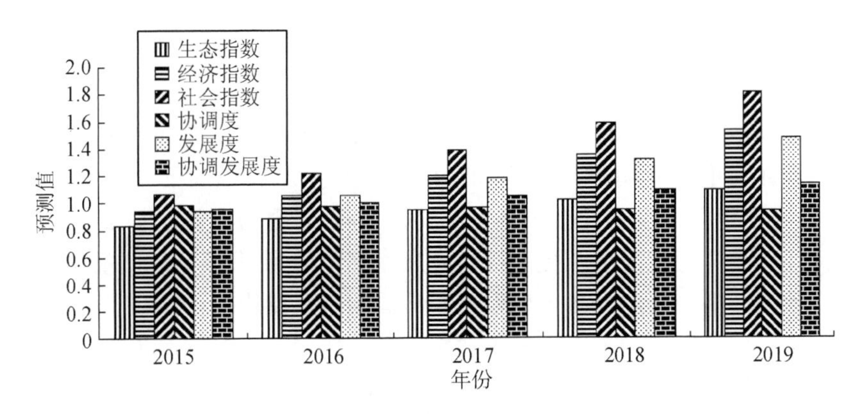

图 5-13　志丹县生态-经济-社会各指数值及协调度、发展度、协调发展度预测变化趋势

5.5　结论及建议

志丹县属于典型的资源型经济发展类型，依靠石油这一资源优势，其对经济贡献率高达 92%，成为该区域的经济支柱。正是借助资源禀赋和生态修复的实施，该县不仅成为全国绿化模范县和退耕还林（草）的典型县，而且还被列为具

有经济竞争力的区域，并被称为“西部百强县”和“陕西十强县”。

通过对EES系统中两两系统彼此间的协调度、发展度及协调发展度分析，得出系统两两间都没有实现协调同步发展，大多属于严重失调状态。从一定意义上讲，生态-经济-社会是一个有机的复合统一体，三者相辅相成，缺一不可，忽略任何一个子系统从单因素分析，都不能客观科学的评估EES系统的协调发展水平。

鉴于此，对生态-经济-社会复合系统（EES系统）综合分析得出：随着社会发展的进步、经济水平的提高及生态保护措施的实施，志丹县生态、经济与社会发展都得到了极大的改观，EES系统间的发展更为协调，但生态环境相对于社会环境仍表现不足。无论是经济的持续发展还是社会的全面进步都是以平衡的生态环境为基础，如果没有生态建设的固基和推进作用，经济发展的成本将会增加，效应会大打折扣。因此，应继续巩固退耕还林等生态修复的成果，高度重视生态对经济社会发展的必要性，充分发挥生态修复的后发效应；继续利用资源禀赋优势，既充分发挥石油这一支柱产业对经济的有利促进作用，又不过度依赖不可再生资源，改变石油行业传统的原料提供开发及利用模式，大力改造和升级以石油为主的深加工产业，积极培育打造石油后续的产业集群（如机电业、民用火工业、运输业等），并逐步使第二产业发展实现由大到强；同时要充分利用本地特色生物与农业资源，继续加强全县特色农副产品加工业培育（如小杂粮深加工、绿色农果业、草畜业与设施蔬菜），逐步建立和完善以石油工业为主导、以农副产品、建材业加工业等为辅助的产业体系，这不仅为生态修复提供必要保障和支撑，而且对区域经济社会的持续发展有积极的促进作用；在经济保持持续发展、城乡基础设施不断完善、城乡居民生活环境逐步改善、文化教育程度明显提高的同时，仍需加强生态文明建设，协调经济发展与生态建设间的约束关系，实现“后石油”时期生态建设与社会经济发展的“双赢”，更为有效的加强生态环境建设、维持经济高速稳定发展及提高社会发展水平，做到EES系统间的协调发展。

依据预测结果表明志丹县今后在不断巩固生态建设成果的基础上，仍然继续坚持以经济、社会发展为重点，发挥经济的带动作用，更好的服务生态建设和社会发展，实现生态-经济-社会系统间的协调发展。

第 6 章　EES 系统的协调发展时空分析——以榆林为例

6.1　研究区概况

6.1.1　自然环境概况

榆林市位于陕西省最北部，东经 107°28′～111°15′，北纬 36°57′～39°34′，地处陕甘宁蒙晋五省（区）交界接壤地带，东部相临黄河与山西相对，西部与宁夏、甘肃相连，北部与内蒙古相邻，南部与延安相接。全市总面积 43 578 km^2，平均海拔 1300 m。地貌地势高亢，梁塬宽广，梁涧交错、土层深厚，主要是以风沙草滩区（北部）、黄土丘陵沟壑区（南部）、梁状低山丘陵区（西南部）为主，分别占全市面积的 36.7%、51.75%、11.55%。榆林属暖温带和温带干旱、半干旱大陆性季风气候，四季分明，日温差较大，无霜期短，年平均气温 10℃，平均降水 400 mm 左右。

6.1.2　资源特征

1. 矿产资源

该区域拥有矿产 8 大类 48 种，种类及储量极为丰富，特别是煤、气、油、盐资源富集一地（表 6-1），其中煤炭主要集中在榆阳、神木、府谷、靖边、定边、横山六县区，天然气主要分布在横山和靖边，石油主要在定边、靖边、横山、子洲四县，盐主要分布在榆林、米脂、绥德、佳县、吴堡等地，它们分别占全省总量的 86.2%、43.4%、99.9%、100%，还有丰富的高岭土、铝土矿、石灰岩、石英沙等资源，组合配置好，国内外罕见，开发潜力巨大。

表 6-1　榆林煤、气、油、盐资源总量表（2011 年）

项目	原煤总量/$\times10^8$t	天然气总量/$\times10^8$t	石油总量/$\times10^8m^3$	岩盐总量/$\times10^8$t
探明储量	1 460.74	2 822.00	0.61	8 857.25
预测储量	2 714.00	41 800.00	6.00	13 000.00～18 000.00

2. 土地资源

榆林市土地资源较为丰富，人均土地面积 1.37hm^2，土地数量优势明显。土地类型多样，其中林地、草地和耕地所占的比重较大（图 6-1），大面积的草地为榆林畜牧业进一步发展提供良好的条件，林地面积的增加直接显现出榆林市生态环境有了明显改善，在现有的耕地面积中以旱地为主，特别是南部沟壑丘陵区，土地的生产力相对北部风沙滩区较低。

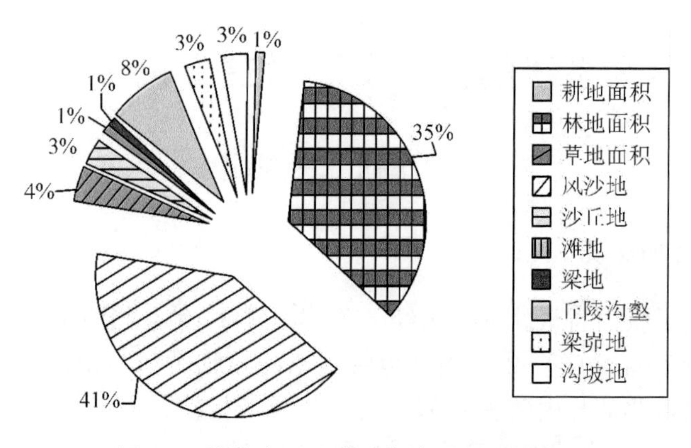

图 6-1　榆林市土地类型统计图（2011 年）

3. 水资源

榆林市地表水主要是由外流河和内流河构成，外流河中水面积在 100km² 以上的河流有 101 条，主要是 4 河 4 川（表 6-2），全部属黄河水系；内流河主要是定边的八里河和流入红碱淖的河流，另外还有一些较小的内陆湖和泾、洛、延河及清涧河的上源。以上河流普遍流域面积不大，流向一致，由北向南逐渐由疏转密。内陆湖主要分为榆神北部和定靖北部两个湖群，大多为滩地凹陷后聚沙丘侧渗水或天然降水而形成。

表 6-2　榆林水资源分布

河系	市内干流长/km	市内平均径流量/$\times 10^8 m^3$	平均输沙量/$\times 10^8 t$	常流量/（m^3/s）
无定河	442.8	11.14	2.174	20.0
窟野河	142.7	4.15	0.591	3.0
秃尾河	133.9	4.16	0.252	6.0
佳芦河	93.2	0.90	0.314	1.0
黄埔川	48.9	0.25	0.089	1.0
清水川	47.0	0.42	0.122	0.5
孤山川	57.0	0.84	0.220	0.5
石马川	40.9	0.26	0.067	0.1

注：数据源于《榆林统计年鉴 2011》。

榆林地下水可分为第四系潜水、中生代基岩裂隙潜水和承压水三个类型，其形成以大气降水补给为主，地表水及灌溉水参与补给为辅。该区域降水分布不均匀，由南到北呈递减趋势。据 2008 年陕西省地下水工作队测算，榆林市水资源总量为 $35.3\times 10^8 m^3$（包括入境水量和黄河过境水），人均 1060m³，不足全国平均的1/2，占整个黄土高原地区水资源总量的 2.2%，水资源利用率低，约为 2%。

6.1.3 社会经济概况

1. 人口及经济

榆林市作为陕北地区政治、经济、文化的中心之一，经济发展水平相对较高。共辖 1 区 11 县，222 个乡镇，5474 个行政村，总人口 364.5 万（2010 年）（表 6-3），较 1997 年增加了 40.6%，自然增长率 5.00%。仅 2011 年生产总值为 2292.25 亿元，比上年增长 15%，三次产业结构之比为 4.9∶71.1∶24，人均生产总值 68 358 元，增速超全国 4.2 个百分点，经济总量连续八年位居全省第二。2011 年全市财政总收入 558.20 亿元，比上年增长 39.3%，其中地方财政收入 180.25 亿元，增长 43.6%。全市城镇居民人均可支配收入达到 20271 元，比上年增长 18.1%；农民人均纯收入达到 6520 元，比上年增长 27.5%。全年实现社会消费品零售总额 240.95 亿元，同比增长 18.4%。

表 6-3　榆林市人口变化情况

项　目	1997 年	2000 年	2005 年	2010 年
城镇人口/万人	323.91	342.57	351.63	364.50
农业人口比重/%	87.5	86.2	83.2	73.2
非农业人口比重/%	12.5	13.8	16.8	26.8

注：数据源于 1997～2010 年《榆林统计年鉴》。

2. 农业

1997～2011 年榆林市农林牧渔总产值整体呈直线上升趋势，且从 2006 年开始增幅明显增加，年均增加 21.13 亿元，仅 2011 年全年农林牧渔服务业总产值 187.06 亿元，是 1997 年的 7.48 倍。粮食总产量逐年呈波动上升趋势，年均值为 10.59 亿元，截至 2011 年粮食总产量是 142.03 亿元，播种面积 699.43 万亩*，产量 142.03 万 t；蔬菜产量 56.44 万 t（图 6-2）。全年生猪出栏与存栏分别为 130.99 万头和 96.59 万头；羊子出栏与存栏达 339.05 万只、588.17 万只；大牲畜出栏与存栏分别为 5.78 万头、27.62 万头；家禽出栏与存栏分别是 469.50 万只、535.18 万只。肉、奶、蛋各类产量分别为 16.45 万 t、8.3 万 t、4.8 万 t。

由于榆林地处毛乌素沙漠和黄土高原交界地带，土壤沙化和水土流失严重，1999 年被国家列为退耕还林实施的重点示范区。从 2000 年到 2011 年期间，榆林市共退耕还林 1487.82 万亩，仅 2011 年造林面积 103.88 万亩。其中，人工造林 94.88 万 hm^2，飞播造林 9 万亩，新修基本农田 10 万亩，治理水土流失面积

* 1 亩 $=\frac{1}{15}hm^2=\frac{10000}{15}m^2\approx 666.7m^2$。

1219.7km^2，新建饮水工程 11 处。

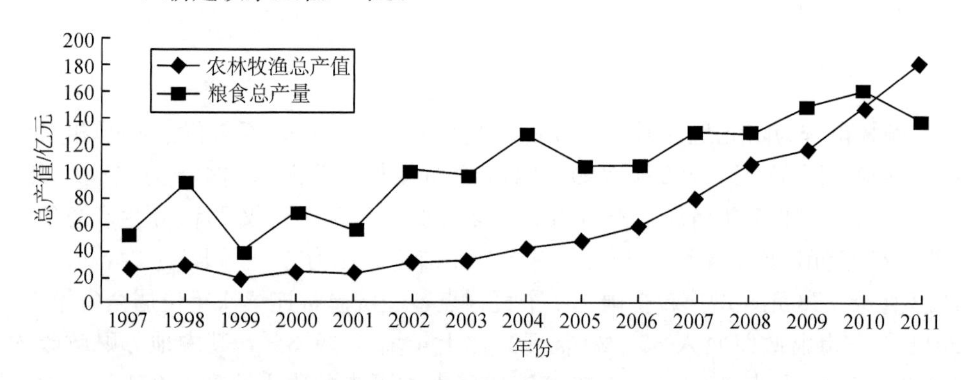

图 6-2　榆林市农林牧渔总产值与粮食总产值情况

3. 工业与建筑业

榆林市工业总产值整体呈现上升趋势，尤其从 2006 年开始，上升速度明显加快。在 2011 年榆林市完成工业总产值 2661.55 亿元，比上年增长 37.3%（图 6-3），其中规模以上工业总产值 2556.85 亿元，实现增加值 277.09 亿元，对全市经济的贡献率 83.54%，拉动经济增长 18.7 个百分点，占 GDP 总量的 71.9%，以煤、油、气、盐、电、等产业为主导的重工业占全部的 98.9%；2011 年实现建筑业总产值 125.1 亿元，比上年增长 14.9%，资质以上建筑企业房屋建筑面积 651.39 万 m^2，与上年同期持平。

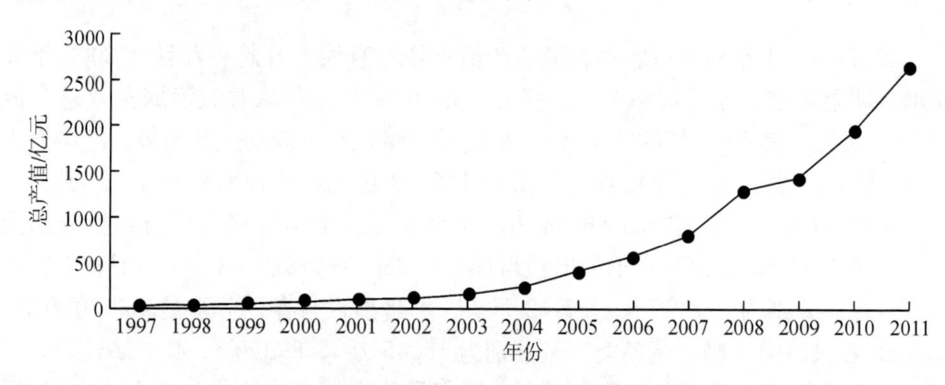

图 6-3　榆林市工业总产值情况

6.2　EES 系统协调发展评价步骤

6.2.1　评价指标体系的构建

由于该研究区生态条件相当脆弱，加之大规模开采煤、气、石油、盐等矿产资源必然会给十分脆弱的生态环境带来较大的压力，直接影响到当地区域经济社会的持续协调发展。退耕还林还草工程作为解决这一问题的具体措施，对恢复该区生态植被、缓解水土流失、改善生态环境等有着重要作用。但与此同时一些经济和社会问题日趋突显，诸如人口压力、耕地压力、农户收入等。在以经济发展为重点的同时，如何兼顾生态环境保护、社会全面进步成了当今普遍关注的问题。

基于此，本书在上述指标构建的思路及框架模型下，参照建设小康社会指标体系及中国社会科学院提供的主要社会指标体系，结合研究区的地域特征和研究内容，进行筛选密切相关的关键指标（或特色指标），分别从生态、经济和社会三个系统，构建了榆林市 EES 系统协调发展综合评价指标体系，共计 31 个指标（表 6-4）。

6.2.2　数据获取及整理

数据来源于实地调研和研究区的统计年鉴。降雨量、水土流失率等生态数据通过榆林市林业工作站和榆林市气象局长期定位观测收集，农村从业人数、居民人均收入、人均住房面积、医保参与人数等数据以县为单位进行实地调研，其他数据通过榆林市统计年鉴获取。评价时段选取 1997～2011 年，囊括退耕还林（草）工程实施前期（1997～1998 年）、试验阶段（1999～2000 年）、全面实施（2001～2003 年）、基本结束（2004～2005 年）、恢复阶段（2006～2011 年）共 15 年数据。评价范围包括榆林市 11 个县域及 1 个区。

根据指标数据对协调发展的贡献分为正负两类，选取退耕面积，植被覆盖率，地区生产总值，人均收入，人均住房面积，医保参与人数等为正向指标，其变化与协调发展正相关；选取水土流失率，人口自然增长率，恩格尔系数等作为协调发展负相关指标，在此基础上，参照本书 4.2 节级差标准化法应用 SPSS 11.5 对数据进行无量纲化处理，得到各指标特征值。

6.2.3　指标权重的获取

权重的获取主要用熵值法。“熵”是在系统状态中依据度量不确定性来测度评价指标体系中各个指标数据所涵盖的信息量，从而相对客观地确定各指标因子的权重。熵值法的具体计算参考 4.1.2 小节，这里不再赘述。

表 6-4　1997～2011 年榆林市生态经济社会协调发展指标体系及权重测算

目标层	系统层	要素层	指标层	信息熵	冗余度	权重
EES 系统	生态系统 $f(x)$	水土流失	x_1 水土流失率	0.9307	0.0693	0.2166
		气候气象	x_2 年均降水量	0.9617	0.0383	0.1196
		土地利用	x_3 退耕造林面积	0.8871	0.1129	0.3529
			x_4 植被覆盖率	0.9006	0.0994	0.3108
	经济系统 $g(y)$	经济总量	y_1 地区生产总值	0.7401	0.2599	0.1192
			y_2 地方财政收入	0.7264	0.2736	0.1255
			y_3 农林牧渔总产值	0.8028	0.1972	0.0904
			y_4 工业总产值	0.7287	0.2713	0.1245
			y_5 粮食总产量	0.9253	0.0747	0.0343
		经济质量	y_6 人均地区生产总值	0.7401	0.2599	0.1192
			y_7 农民人均收入	0.7559	0.2441	0.1120
			y_8 第一产增长率	0.8050	0.1950	0.0894
			y_9 第二产增长率	0.9039	0.0961	0.0441
			y_{10} 第三产增长率	0.9357	0.0643	0.0295
		经济结构	y_{11} 第一产业比重	0.9411	0.0589	0.0270
			y_{12} 第二产业比重	0.9154	0.0846	0.0388
			y_{13} 第三产业比重	0.8996	0.1004	0.0460
	社会系统 $h(z)$	人口结构	z_1 人口密度	0.9062	0.0938	0.0487
			z_2 人口自然增长率	0.9715	0.0285	0.0148
			z_3 农村从业人数	0.9724	0.0276	0.0143
		社会结构	z_4 第二产业从业人数	0.8069	0.1931	0.1003
			z_5 第三产业从业人数	0.6116	0.3884	0.2017
		社区发展	z_6 通汽车村数	0.9633	0.0367	0.0190
			z_7 通自来水村数	0.8967	0.1033	0.0536
			z_8 人均住房面积	0.8445	0.1555	0.0808
			z_9 乡村电话用户	0.8872	0.1128	0.0586
			z_{10} 各类学校数	0.8607	0.2390	0.1241
			z_{11} 拥有卫生技术人数	0.7610	0.1393	0.0723
		人民生活	z_{12} 社会保障参与人数	0.7823	0.2177	0.1130
			z_{13} 农民恩格尔系数	0.9437	0.0563	0.0293
			z_{14} 人均教育支出比重	0.8662	0.1338	0.0695

注：基础数据来源于 1997～2011 年《榆林统计年鉴》和相关部门的调查数据。

6.3　EES 系统协调发展评价结果及分析

6.3.1　EES 系统协调发展时序分析

根据 1997～2011 年榆林市 12 个县区的数据，利用公式（4-16）～公式（4-18）得出榆林市 EES 系统指数值、协调度、发展度及协调发展度，分析得出以下结论。

1. EES 系统指数分析

根据图 6-4 可以看出，生态指数主体呈倒“U”形，经济与社会指数呈上升趋势。大致可将榆林市 EES 系统指数发展趋势分为三种：

（1）经济发展居于主导地位。主要是 1997～1998 年，该时期尽管 EES 系统指数总体水平较低，但是相比生态和社会指数，经济指数处于领先水平，主要是由于该时期农林牧渔总产值、粮食总产量、人均地区生产总值等经济指标得分较高，是该时期的经济发展的主要动力。

（2）生态改善居于主导地位。时间范围是 1999～2009 年，该时期生态指数主体呈倒“U”形波动增长。其中 1999～2003 年增幅较大，达到最高峰，这与退耕还林开始实施到全面大规模实施的阶段相吻合，由此可见，退耕还林工程对该区的生态改善有重要的推动作用；2004～2007 年生态指数有所下降主要和退耕还林规模密切相关，该时期是退耕还林的巩固时期；2007～2009 年间生态指数又明显上升，主要是退耕还林进入恢复时期，生态效应逐渐发挥作用，尤其是对社会指数的影响显著。

（3）社会进步居于主导地位。2010～2011 年指数特征是社会指数优于经济和生态指数，主要原因是生态效应逐步见效，经济作物等非农收入增加，人居环境和基础设施的改善，资源禀赋比较优势显现，带动了经济快速发展，从而为该区域社会进步提供了基础保障和动力支撑。具体表现在人均住房面积、社保支出、卫生技术人数等社会指标。

综上可见，在 1997～2011 年的 15 年间，榆林市 EES 系统指数值在不同的历史时期及政策因素下，处于主导地位的因素不尽相同。

2. EES 系统协调度时序分析

在 1997～2011 年仅有 4 个年份（2001～2004 年）协调度低于 15 年平均值（0.867），由此可见，榆林市整体生态、经济和社会的协调性较高。从动态趋势分析，榆林市的生态、经济社会协调发展度值呈“V”形变化，1997～2002 年综合协调度呈波动式下降，2002 年达到最低（0.551），2003～2007 年呈直线上升，2008～2011 年趋于稳定（图 6-5）。

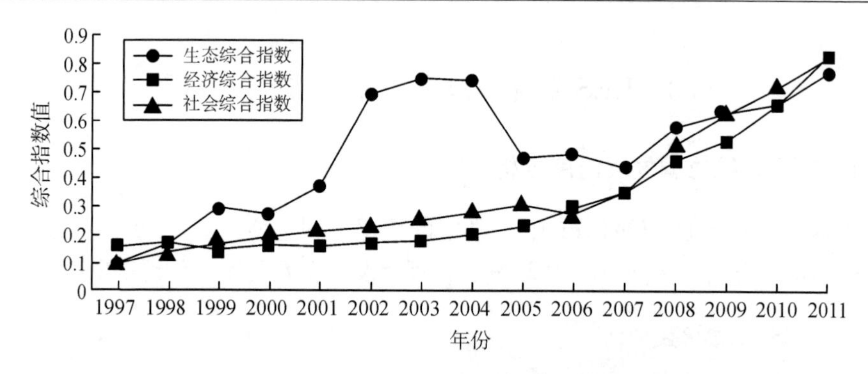

图 6-4 1997～2011 年榆林市 EES 系统指数趋势图

上述变化的原因有：一是 1997～2002 年处于“九五”向“十五”过渡的时期，也是榆林市经济体制改革、产业结构优化等矛盾比较突出的时期，优势产业在激烈的市场竞争中逐渐暴露了弊端，$f(x)$、$g(y)$ 与 $z(h)$ 的差距扩大，协调度较低；二是 2003～2007 年，榆林市随着西部大开发，产业结构发生了改变，第二产业和第三产业比重提高，由 2003 年的 57%上升到 2007 年的 63.3%，资源优势拉动经济快速增长，地区生产总值由 2003 年 204.76 千万元增加到 2007 年 674.25 千万元，翻了 3.3 倍，同时在此期间是退耕还林的巩固阶段，生态环境明显改善，使得 $f(x)$、$g(y)$ 与 $z(h)$ 的差距逐渐缩小，从而协调度较高；三是 2008～2011 年是“十一五”时期，该阶段是退耕还林巩固恢复时期，生态效应日益发挥作用，具体表现在水土流失率由 2007 年的 70.92%降到 2011 年的 61.46%，资源型经济发展模式越趋成熟，经济进入快速发展阶段，仅地区生产总值由 2007 年 674.25 千万元增加到 2011 年 2292.25 千万元，年增长率为 2.4%，同时社会进步加快，主要表现在乡村从业人数急剧上升，就业结构多元化，人均住房面积由 2007 年 19.4m^2 增加到 2011 年 32.95m^2，人民生活水平明显提高，因此 EES 系统指数在增加的同时 $f(x)$、$g(y)$与 $z(h)$的差距变动减少，协调度趋于稳定。

3. EES 系统发展度时序分析

榆林市在 1997、2011 年分别处于发展度的低谷期（0.118）和顶峰期（0.808），且发展度均值为 0.383，变异系数为 0.190，反映出该区 1997～2011 年间尽管发展水平整体较低，存在一定差异，但是随着时间的推移，出现略微上升好转的趋势。依据榆林市平均发展度（本书以该市平均 EES 系统指数为基础，求出全县平均发展度）分布，将 EES 系统指数和发展度均大于 15 年平均值的年份作为发展度高的年份，主要集中分布在 2008～2011 年 4 个年份，由此可见，榆林市 EES 系统发展程度随着时间的推移逐步趋于好转，发展速度不断加快(图 6-5)。

4. EES 系统协调发展度时序分析

鉴于协调度是通过 EES 系统指数间的离差值反映协调性，缺乏对 EES 系统的发展水平的考虑。因此，从协调发展度分析发现榆林市 EES 系统协调发展水平明显提高，最高的年份是 2011 年（0.873），最低的是 1997 年（0.319），均值为 0.523，变异系数为 0.185，其中低于均值的年份达到 9 个，占 15 年的 60%（图 6-5），反映出榆林市生态、经济社会协调发展起点低，发展水平明显提高，同时时序差异明显；从协调发展类型分析，可将 15 年分为三个阶段：衰退失调类阶段（1997～2006 年），其中包括了严重失调衰退类（1997～2004 年）和中度失调衰退类（2005～2006 年）；亚协调发展类阶段（2007～2008 年）实现了由濒临失调衰退类（2007 年）向初级协调发展类（2008 年）过渡；协调发展类（2009～2011 年），由中级协调发展类型（2009 年）转变到优质协调发展（2011 年），由此说明随着时间推移，榆林市的整体协调发展态势不断转好，并且协调类型的转变速度在不断加快；从 EES 系统指数角度来分析，1999～2009 年协调发展水平有持续上升的空间，是由于经济、社会指数均低于生态指数，反映出榆林市的经济综合实力和社会进步程度均在其生态环境承载力之内，仍然有较大的发展空间。其中 2009 年 EES 系统指数间差距较小，其差值的绝对值介于 0.05～0.57 之间，说明榆林市的生态保护、经济发展与社会进步三者基本保持协调同步。到 2011 年 EES 系统指数间差距最小，协调发展度在这一年达到最高。与其他年份相比，1997 年、2003 年的 EES 系统指数间差距最大，1997 年协调发展度最低，2003 年协调发展度比相邻年份值有所下降。由此可看出，缩小 EES 系统指数值间的差距是今后全市提高 EES 系统协调发展度的重要因素。

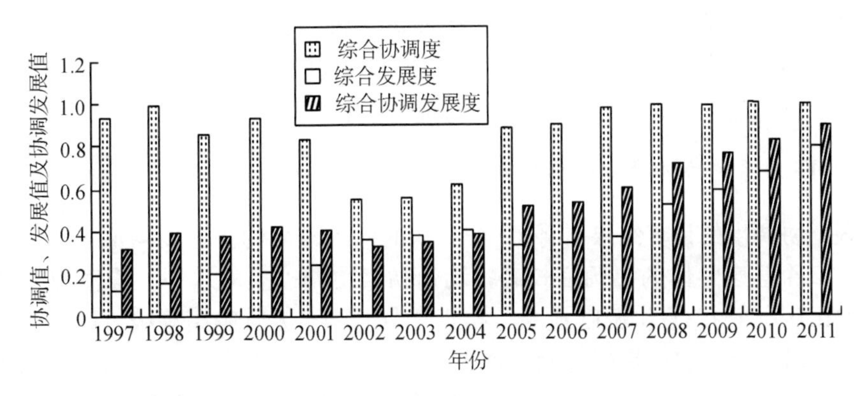

图 6-5　1997～2011 年榆林市协调发展趋势图

6.3.2　区域 EES 系统协调发展空间格局分析

为了研究榆林市 EES 系统指数及协调发展度的空间分布特点，依据空间格局分析的原理，分别从“九五”、“十五”、“十一五”时期中选取 1998 年、2002 年、2007 年、2011 年榆林市 12 个县（区）的数据，运用 Arcgis 9.2 地理信息系统空间分析软件分析区域间的规律、差异及其成因。

1. EES 系统指数空间格局分析

运用 Arcgis 9.2 地理信息系统空间分析软件，将 1998 年、2002 年、2007 年、2011 年榆林市 EES 系统指数均值划分等级。

在 EES 系统指数中，生态指数处于第一等级的县域主要集中在榆林市中部，处于第三等级的县域大多位于榆林市的南部，其余的县域属于第二等级，由此可见生态指数值呈由中部向北部和南部递减，呈现中心向边缘递减的规律。经济指数处于第一等级的县区是榆阳区、神木、靖边，处于第二等级的是府谷、定边，处于第三等级的是绥德、米脂、佳县、吴堡、清涧、子洲，由此可见经济指数值高的区域大多集中在资源富集的地区，位于榆林的中部和北部，而榆林南部的县域整体经济指数值较低。仅 2007 年经济指数值最高的神木达到（0.838），是最低值清涧（0.117）的 7.16 倍，可见县域间经济差距的巨大，这与县域的资源禀赋和产业的结构有着密切的关系。社会指数均值最高的神木（0.640）是最低的定边（0.242）的两倍多，其中处于第一等级的地区是榆阳区、神木和绥德，处于第二等级的地区是府谷、横山、靖边、米脂、佳县、子洲，其余处于第三等级。变化显著的是榆林市南部的绥德县，社会指数较高进入了第一等级，这主要与该县的历史背景有关，绥德是陕北地区的重要的交通枢纽，也是典型的陕北文化县，文化遗产丰富，尤其是石雕、民歌、剪纸等民间艺术为当地的文化注入活力，形成浓厚的文化氛围，为该县的社会进步有积极的影响。

通过以上分析可以看出，榆林市的 EES 系统指数整体呈现出明显的空间分异，即榆南、榆中、榆北分异格局明显，生态与经济的分异最大，社会的差异基本一致，其中榆中、榆北整体的水平要高于榆南（表 6-5）。

2. EES 系统协调度空间格局分析

根据协调度的计算结果，将 12 个县区的四个时期的协调度均值划分以下的等级，12 个县区整体的协调度较高，均达初级协调以上的水平，均值为 0.810。其中榆阳区（0.973）协调度最高，接近 1.0，属于优质协调等级；府谷、定边等五个县域次之，属于良好协调；神木等 5 个县域属于中级协调。可见全市实现中级协调以上的县域达到 80%，仅佳县的协调度为 0.69，属于初级协调等级，说明榆林市 EES 系统整体协调水平高，但区域协调度发展不均衡，县际差异显著（表 6-6）。

表 6-5　榆林市 EES 系统指数县域等级划分

生态指数等级划分	县区	经济指数等级划分	县区	社会指数等级划分	县区
第一等级（0.60～0.95）	榆阳区、横山、靖边	第一等级（0.50～0.80）	榆阳区、神木、靖边	第一等级（0.45～0.65）	榆阳区、神木、绥德
第二等级（0.35～0.60）	神木、定边、吴堡、清涧	第二等级（0.30～0.50）	府谷、定边	第二等级（0.30～0.45）	府谷、横山、靖边、米脂、子洲、佳县
第三等级（0.10～0.35）	府谷、绥德、米脂、子洲、佳县	第三等级（0.10～0.30）	横山、佳县、绥德、米脂、吴堡、子洲、清涧	第三等级（0.10～0.30）	定边、吴堡、清涧

表 6-6　协调度县域等级划分

县区	协调度	协调等级
榆阳	0.973	优质协调（0.90～1.00）
府谷	0.840	良好协调（0.80～0.90）
横山	0.832	
定边	0.885	
米脂	0.861	
子洲	0.818	
神木	0.790	中级协调（0.70～0.80）
靖边	0.772	
绥德	0.736	
吴堡	0.770	
清涧	0.747	
佳县	0.691	初级协调（0.60～0.70）

3. EES 系统协调发展度空间格局分析

运用 Arcgis 9.2 地理信息软件，参照协调发展水平度量标准（表 4-2）对榆林市的 EES 系统协调发展度进行时空分布演变研究（图 6-6）。图 6-6（a）～图 6-6（d)依次是 12 个县区的 1998 年、2002 年、2007 年和 2011 年协调发展度分布图，分析得出如下结论。

图 6-6（a）（1998 年）榆林市中部整体属于亚协调发展类，其中包括榆阳区和神木县，分别处于勉强协调发展状态和濒临失调衰退类型。其他县域总体属于失调衰退类，具体包括横山、绥德、府谷、靖边、佳县、定边、米脂、子洲、吴堡、清涧，呈现轻度、中度和严重衰退失调的特征，并且分布较为分散。

图 6-6（b）（2002 年）榆阳区和神木的协调发展稳定提升，处于失调衰退类的县域数增至 8 个，且分布相对集中，主要分布在榆林南部 6 县，与 1998 年相比，靖边趋于好转，由中度失调衰退类转为勉强协调发展类，而府谷由中度失调

衰退转为严重失调衰退类，变化显著。

图 6-6（c）（2007 年）与前 2 个时期对比分析，变化主要集中在定边、靖边、府谷和横山四个县域。定边、府谷、横山分别由 1998 年和 2002 年的严重的失调衰退类转为中度失调衰退类。

图 6-6（d）（2011 年）与前三个时期相比，除了榆林南 6 县属于失调衰退类型，其他县域都不同程度的趋于好转，均属于亚协调发展类型。

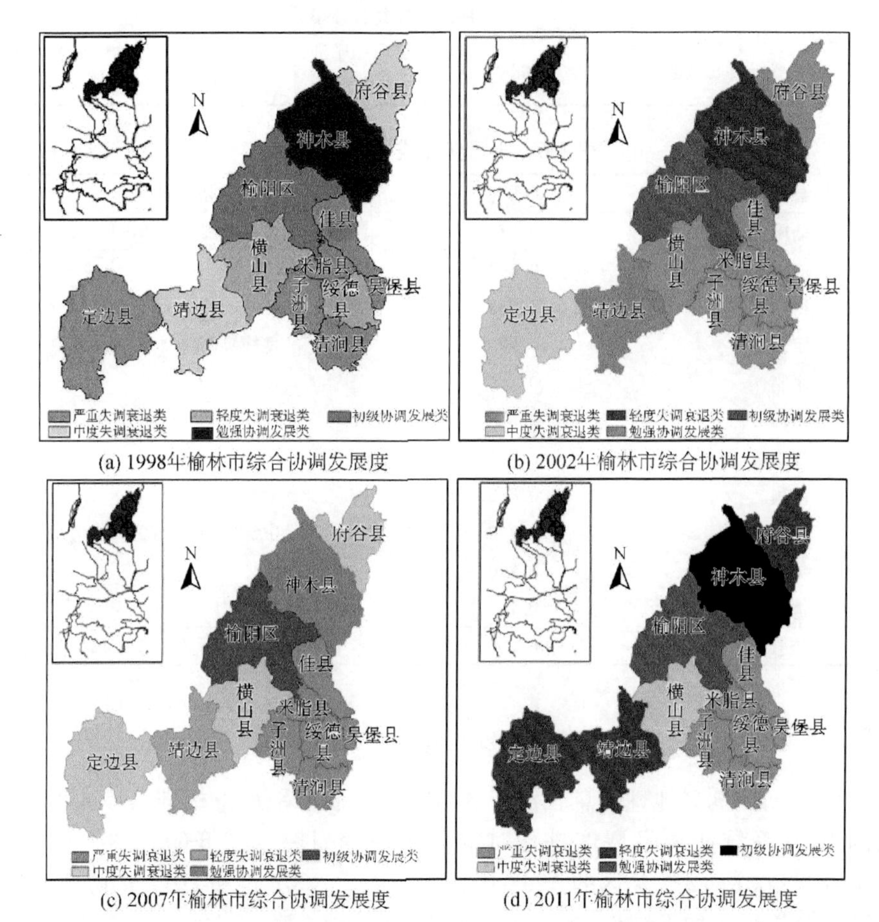

(a) 1998年榆林市综合协调发展度　(b) 2002年榆林市综合协调发展度

(c) 2007年榆林市综合协调发展度　(d) 2011年榆林市综合协调发展度

图 6-6　榆林市区域 EES 系统协调发展的空间差异图

综上结果分析得出：

（1）榆林市 EES 系统协调发展水平整体处于调和阶段，逐渐趋于好转，但整体水平仍有待提高，严重失调衰退类型的县域有 6 个，占 1/2。

（2）各个县区 EES 系统协调发展水平差异显著，形成等级板块结构。根据协调发展类型，将榆林市分为三大等级板块。

第一等级板块——榆阳区和神木县，榆阳区由 1998 年勉强协调发展类转为初级协调发展类，协调发展度稳定，神木县历经濒临失调衰退类、勉强协调发展到良好协调发展，呈稳定转好趋势。具体表现在生态方面，水土流失率和植被覆盖率处于领先地位，特别是人均 GDP、地区生产总值等各项经济社会发展指标明显优于其他县域，形成了生态改善、经济发展与社会进步处于良性协调发展态势。由此可见，榆阳区作为榆林市的政治和文化中心，其整体协调发展良好，资源富积，经济强县的神木县生态、经济与社会日趋良性协调发展，这说明地理优势、资源禀赋对一个区域的经济发展与综合协调发展有强的正相关关系，尤其是经济发展水平对区域协调发展有重要的支撑作用。

第二等级板块——府谷、定边、靖边、横山四县，这一板块协调发展度变化呈波动式好转的特点。四个县域都不同程度的历经了严重、中度、轻度失调衰退类、濒临失调衰退类、勉强协调发展类几个阶段，整体属于生态滞后，经济社会发展型。四个县域 EES 系统协调发展水平与南 6 县相比略显优势，但与榆阳区和神木县仍存在一定的差距。四个县域各个充分利用资源禀赋，充分发挥矿产资源优势，为经济发展注入新动力，如府谷县的经济发展水平仅次于神木县，同时社会进步程度也在整个榆林市中排名领先。但是这四个县域都经历了生态环境先破坏后治理的阶段，所以生态环境发展水平波动较大，造成了协调发展波动式好转的趋势。由此可见，生态环境问题的防治不管在何时都不容忽视，它对 EES 系统协调发展有着至关重要的作用。

第三等级板块——南 6 县，协调发展度大多处在 0.5 以下，均属于严重失调衰退等级，属于生态-经济-社会滞后型，表现出粗放型经济增长方式和迟缓型的社会发展类型。由于 6 个县域矿产资源相对匮乏，利用率低，同时在以杂粮为主导农产品产业经济发展中，基本是以高投入、低产出的粗放型方式生产，只注重数量增长，单位产值和附加值普遍偏低，同时不能有效的利用市场机制、乡镇企业管理人才流失等问题日益突出，在相对落后的经济社会下，生态治理的力度相对弱化，使整个复合系统处于严重失调状态，协调发展等级不高。

(3) 依据上述空间分布板块分类状况，可呈现出明显的核心——边缘结构。榆林市在生态-经济-社会协调发展过程中，由于政治、经济、资源、文化、历史等多方面原因，榆阳区和神木率先发展起来，成为榆林市的政治和经济核心，府谷、靖边、定边横山次之，南 6 县处于空间结构中的边缘。

(4) 空间分布趋于分散向集中的态势。从空间分布上看，榆林市 12 个县区 EES 系统协调发展度在由低到高的发展过程中呈现出由分散到集中、由个别到整体，协调发展度低的面积明显减少。要缩小南 6 县与核心县域的差距，不仅要发挥发达县区的辐射带动作用，而且要发展南 6 县自主支柱产业，寻求适合自己持续发展的战略方向，实现生态、经济与社会协调发展。

6.4 EES系统协调发展影响因素

在上述对志丹县与榆林市的EES系统协调发展评价实证分析的基础上，采用本书4.2.5节介绍的主成分分析法对影响EES系统协调发展的主控因子提取，并予以分析，从而得出影响EES系统协调发展的关键因素，为有效客观、有针对性地提出政策建议提供依据。

本章以榆林市1997～2011年EES系统协调发展评价指标数据为数据来源，通过SPSS 17.0测得榆林市EES系统协调发展31项指标值的Cronbach's Alpha系数大于0.8，是0.882，表明数据来源较为可靠，质量良好；KMO值为0.843，大于0.8，Bartlett检验统计量对应的概率值接近于0，其观测值为118.71，表明榆林市EES系统协调发展的指标数据较适合进行因子分析。

6.4.1 提取主控影响因子

依据主成分分析法，按照因子特征值大于1，并将其方差贡献的大小自上而下列出，由主成分的累积贡献率来决定提取因子的个数，当因子的特征值的累计方差贡献率达到85%以上，说明综合因子已经可以解释原始变量的85%以上的大部分信息，从而决定了提取因子的个数。同时，提取的四个特征值变量的共同度数值均在0.9左右，根据该共同度反映出本次因子提取中各变量信息丢失较少，总体效果较为理想。

根据特征值、主成分贡献率及累积贡献率可得：第一、第二、第三、第四主成分的累计贡献率已达92.113%，并且前四个主成分的特征值都大于1，达到了分析要求，故只需提取四个主成分即可（表6-7）。然后，依据主成分载荷计算公式（4.2.5节公式），计算各变量在各主成分上的载荷得到主成分矩阵。通过表6-8及图6-7旋转主成分图所列出的旋转后的因子载荷矩阵中四个主成分因子（F_1、F_2、F_3、F_4）的载荷系数，其绝对值的大小与其对某个主成分因子的影响成正相关关系，也就是说，其绝对值越大，对公共因子的影响贡献率就越高（梁强，2013）。因子分析得出：第一主因子（F_1）累计贡献率为68.835%，它在5、6、8、10、11、25等指标上的载荷量较高，分别是0.908、0.912、0.902、0.908、0.903、0.941等，均大于0.85，这些指标主要是地区生产总值、地方财政收入、农林牧渔总产值、工业总产值、第二产业从业人数、社保支出等，涉及以经济总量为主导，涵盖个别社会结构和社区发展的因子，故大体可以解释为“经济社会发展因子”；第二主因子（F_2）累计贡献率为11.697%，它主要在指标13、15、26上载荷值显著，分别为0.912、0.853、0.961，这些变量主要是涉及经济结构和基础设施两方面，其在衡量一个区域EES系统协调发展有着不可忽视的作用，故命名为“经济社会结构因子”；第三主因子（F_3）和第四因子（F_4）累计贡献率分别为 6.667%、4.914%，主要表现在指标 3 退耕还林面积和指标 2 年降水量上，载荷值均为最高，分别是 0.772，0.808，可见退耕还林政策这一生态修复工程是 EES 系统协调发展的重要影响因素，故命名为“生态修复因子”（表 6-9）。

表 6-7　解释的总方差

成分	初始特征值			提取平方和载入			旋转平方和载入		
	合计	方差的%	累积/%	合计	方差的%	累积/%	合计	方差的%	累积/%
1	21.339	68.835	68.835	21.339	68.835	68.835	13.068	42.156	42.156
2	3.626	11.697	80.532	3.626	11.697	80.532	10.728	34.605	76.761
3	2.067	6.667	87.199	2.067	6.667	87.199	2.800	9.031	85.792
4	1.523	4.914	92.113	1.523	4.914	92.113	1.960	6.321	92.113
5	0.728	2.348	94.461	—	—	—	—	—	—
6	0.632	2.038	96.499	—	—	—	—	—	—
7	0.330	1.065	97.564	—	—	—	—	—	—
8	0.230	0.741	98.305	—	—	—	—	—	—
9	0.194	0.624	98.930	—	—	—	—	—	—
10	0.162	0.524	99.454	—	—	—	—	—	—
11	0.093	0.300	99.753	—	—	—	—	—	—
12	0.052	0.166	99.919	—	—	—	—	—	—
13	0.018	0.058	99.977	—	—	—	—	—	—
14	0.007	0.023	100.000	—	—	—	—	—	—
15	9.386×10^{-16}	3.028×10^{-15}	100.000	—	—	—	—	—	—
16	6.629×10^{-16}	2.138×10^{-15}	100.000	—	—	—	—	—	—
17	4.914×10^{-16}	1.585×10^{-15}	100.000	—	—	—	—	—	—
18	3.913×10^{-16}	1.262×10^{-15}	100.000	—	—	—	—	—	—
19	3.574×10^{-16}	1.153×10^{-15}	100.000	—	—	—	—	—	—
20	2.628×10^{-16}	8.477×10^{-16}	100.000	—	—	—	—	—	—
21	2.084×10^{-16}	6.723×10^{-16}	100.000	—	—	—	—	—	—
22	6.081×10^{-17}	1.962×10^{-16}	100.000	—	—	—	—	—	—
23	5.077×10^{-17}	1.638×10^{-16}	100.000	—	—	—	—	—	—
24	8.749×10^{-19}	2.822×10^{-18}	100.000	—	—	—	—	—	—
25	-1.382×10^{-16}	-4.459×10^{-16}	100.000	—	—	—	—	—	—
26	-2.312×10^{-16}	-7.459×10^{-16}	100.000	—	—	—	—	—	—
27	-3.241×10^{-16}	-1.046×10^{-15}	100.000	—	—	—	—	—	—
28	-3.972×10^{-16}	-1.281×10^{-15}	100.000	—	—	—	—	—	—
29	-4.672×10^{-16}	-1.507×10^{-15}	100.000	—	—	—	—	—	—
30	-5.540×10^{-16}	-1.787×10^{-15}	100.000	—	—	—	—	—	—
31	-6.633×10^{-16}	-2.140×10^{-15}	100.000	—	—	—	—	—	—

注：提取方法：主成分分析。

表 6-8　旋转成分矩阵

指标	成分			
	1	2	3	4
VAR00001	−0.530	−0.768	−0.242	−0.227
VAR00002	0.103	−0.194	0.250	0.808
VAR00003	−0.188	0.014	0.772	0.232
VAR00004	0.617	0.686	0.288	0.164
VAR00005	0.908	0.403	0.009	0.098
VAR00006	0.912	0.381	0.003	0.109
VAR00007	0.873	0.468	−0.034	0.118
VAR00008	0.902	0.420	−0.017	0.088
VAR00009	0.496	0.707	0.131	0.315
VAR00010	0.908	0.405	0.008	0.097
VAR00011	0.903	0.392	0.019	0.134
VAR00012	−0.348	−0.766	−0.466	0.131
VAR00013	0.372	0.912	0.107	0.064
VAR00014	−0.304	−0.834	0.285	−0.247
VAR00015	−0.418	−0.853	−0.211	0.111
VAR00016	0.471	0.809	0.288	0.142
VAR00017	−0.451	−0.546	−0.350	−0.546
VAR00018	0.642	0.750	0.109	0.080
VAR00019	−0.117	−0.589	−0.663	0.119
VAR00020	0.291	0.402	−0.339	0.534
VAR00021	0.889	0.344	0.084	0.112
VAR00022	0.889	0.293	0.013	0.087
VAR00023	0.419	0.228	0.688	0.082
VAR00024	0.746	0.625	0.198	0.080
VAR00025	0.941	0.117	0.210	−0.029
VAR00026	0.149	0.961	−0.018	−0.123
VAR00027	0.877	0.451	−0.034	0.033
VAR00028	−0.541	−0.819	−0.086	−0.115
VAR00029	0.907	0.378	0.079	0.104
VAR00030	−0.542	−0.771	−0.237	0.068
VAR00031	−0.619	0.223	0.471	0.455

注：旋转在 9 次迭代后收敛。

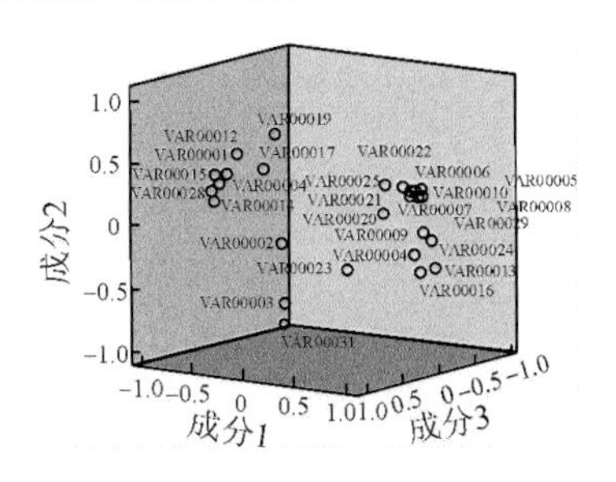

图 6-7　旋转主成分图

表 6-9　旋转后的主控因子载荷值

主控因子	高载荷指标	高载荷值
经济社会发展因子 F_1	地区生产总值	0.908
	地方财政收入	0.912
	工业总产值	0.902
	人均生产总值	0.908
	居民人均收入	0.903
	第二产业比重	0.889
	第三产业比重	0.889
	人均住房面积	0.941
	各类学校数	0.877
	参与社保人数	0.907
经济社会结构因子 F_2	第二产业增长率	0.912
	第一产业比重	0.853
	乡村电话用户	0.961
生态修复因子 F_3、F_4	退耕还林面积	0.772
	年降水量	0.808

6.4.2　主控因子回归分析

采用 Thomsom 回归法，通过方差最大正交旋转之后得到因子得分系数的估计，即表示为因子载荷阵的转置与相关系数逆的乘积，然后依据指标的标准化值与已推算出的主控因子得分系数，可以得出 4 个主控因子在 1997～2011 年每个年份上的得分数，旋转后得出的主控因子与协调发展度线性回归，表达式为

$$D=a+m_1F_1+m_2F_2+m_3F_3+m_4F_4$$

式中，协调发展度 D 为因变量；四个主控因子 F_1、F_2、F_3、F_4 为自变量；a 为常数；m_1、m_2、m_3、m_4 为自变量系数。

通过将主成分分析提取的四个主控因子与榆林 1997～2011 年 12 个县域的协

调发展度（表 6-10）线性回归得出方程为：$D=0.523+0.180F_1+0.51F_2-0.023F_3-0.13F_4$。

表 6-10 各主成分与解释变量数值

年份	榆林市协调发展度 D	F_1	F_2	F_3	F_4
1997	0.319 397	−1.384 24	1.712 26	−0.615 12	1.415 43
1998	0.393 730	−1.120 76	0.964 30	0.305 87	0.945 12
1999	0.384 654	−1.070 41	0.699 76	0.506 17	0.034 73
2000	0.424 407	−0.844 55	0.533 97	−0.478 82	−1.946 18
2001	0.409 961	−0.748 85	−0.220 83	0.210 53	−2.422 14
2002	0.332 711	−0.461 04	−0.885 28	1.092 90	0.142 72
2003	0.346 723	−0.308 04	−1.200 95	1.112 69	0.174 33
2004	0.390 185	−0.076 83	−1.419 16	1.042 90	0.830 28
2005	0.513 013	0.041 72	−1.200 36	−0.083 17	0.665 13
2006	0.530 166	0.171 91	−0.551 85	−1.485 00	0.107 82
2007	0.604 585	0.471 75	−0.735 23	−2.283 19	0.286 80
2008	0.711 417	0.836 98	0.041 11	−0.842 84	−0.023 59
2009	0.763 514	1.039 43	0.005 83	−0.072 16	0.154 25
2010	0.822 326	1.504 65	0.780 86	0.601 51	−0.382 97
2011	0.897 391	1.948 29	1.475 57	0.987 73	0.018 27

由表 6-11 可知，经济社会发展因子、经济社会结构因子和生态修复因子与协调发展度线性关系显著，拟合度为 0.972，其中经济社会发展因子、经济社会结构因子对协调发展度的影响贡献是最为突出，生态修复因子中退耕还林面积的影响相对次之，相比之下年降水量的影响最弱，这与该变量的自然随机性有直接关系。

表 6-11 被解释变量与主控因子线性关系

主控因子	系数	T 值	Sig.
F_1	0.180***	17.891	0.000
F_2	0.510***	5.067	0.000
F_3	−0.023	−2.312	0.043
F_4	−0.130*	−1.243	0.242
常量	0.523	53.764	0.000
拟合度		$R^2=0.972$	

注：*，*** 分别表示统计显著性水平为 10%，1%。

6.5 结论与讨论

通过以上对 1997～2011 年榆林市 12 个县区 EES 系统的协调发展度测度与

实证研究分析，得出以下结论：从时序分析，纵观 15 年间的发展态势，EES 系统指数呈上升趋势，并在不同时期表现出不同的发展势头，居于不同的地位，可以分为生态主导地位（1999～2009 年）、经济发展主导地位（1997～1998 年）、社会进步主导地位（2010～2011 年）三个阶段。EES 系统协调发展水平由衰退失调类（1997～2006 年）、亚协调发展类（2007～2008 年）向协调发展类（2009～2011 年）日益趋于好转，但整体水平有待提高；从空间格局分析，EES 系统协调发展县际差异显著，形成中心地带和南北两端三个等级板块，呈现由分散到集中，核心到边缘的空间格局。

工业化进程和经济发展仍是榆林市持续发展的主要任务，但经济增长并不会自动地改善生态环境，必须由政策响应来实现，因此，要实现榆林市 EES 系统协调发展，必须正确处理生态环境、经济与社会间的关系。针对资源型经济发展较快的中部地区在以后的发展中尤其需要注意生态持续平衡，寻求经济持续发展的有效途径，珍惜资源，合理开发利用资源，增加资源的附加值，延长工业产业链，促进资源利用向高效化、清洁化方向发展，大力调整产业结构，充分发挥市场机制，加大招商引资的力度；处于过渡类的地区建立科学高效的监管制度，加大节能环保的管理力度，并通过科普教育提高全民的环保意识、生态意识和节约意识；处于协调发展水平低的南部地区，在加强生态治理的同时充分发挥农业县域的优势，以发展特色产业为龙头，开发自主品牌，同时加快资源勘探步伐，鼓励以市场化方式多渠道融资，并继承和发扬民间传统艺术，弘扬民俗文化，提高社会整体发展水平，加快城镇化进程，从而提高 EES 系统指数水平，然后在其基础上注意内部的协调关系，尽力缩小 EES 系统间的差距，只有这样未来的榆林才能健康、持续的发展。

通过主成分分析，从 EES 系统协调发展指标体系中提取出影响区域 EES 系统协调发展的主控因子是经济社会发展、结构及生态修复等，从而为进一步科学有效和针对性地提出实现 EES 系统协调发展的相关对策建议提供依据和方向。

一是经济社会发展是影响区域 EES 系统协调发展的核心因子。在提取的四个主成分因子中，经济总量、经济质量与社区发展对 EES 系统协调发展的影响最大，无论是生态建设还是基础设施、医疗、教育及社会保障的完善都离不开大量的资金投入，良好的经济质量和经济总量为区域实现 EES 系统协调发展提供资金来源和动力支持，社区中各类学校数是区域人民受教育水平的一个表现方面，人口素质是人力资源的核心，其在一定程度上制约了区域协调发展水平的提高，因此经济社会发展是实现 EES 系统协调发展的核心因素。二是经济社会结构是影响区域 EES 系统协调发展的保障因子。合理的经济结构和社会就业结构是影响 EES 系统协调发展的重要方面，仅依靠经济总量是不够的，必须要有优化的经济结构和社会结构，才能使经济及社会资源更优化合理的配置，经济效益才得以提高，进而为提升区域 EES 系统协调发展状态提供保障。三是生态修复是区域协调发展水平的基础因子。生态修复中最为典型的退耕还林工程的实施为区域的自然和人居环境的治理和改善有重大的贡献，为其经济社会的发展提供基础条件。

第7章　结论、对策与展望

7.1　主要结论

根据对生态-经济-社会协调发展的具体研究，本书主要研究结论如下：

（1）构建EES系统DPSIR协调发展指标体系。在对20世纪90年代以来国内学者提出的生态、经济协调发展评价指标体系进行梳理剖析的基础上，依照研究区的实际情况和研究重点，借鉴现有的相关指标，以DPSIR概念框架模型为指标构建的依据，从生态、经济和社会三个系统构建县域和市级不同行政单位的协调发展评价指标体系：随着经济和社会日益发展的这一“驱动力”不断增强，人类以大力开发能源等方式来满足其生产和生活的需求，无疑对EES系统形成了巨大的“压力”，使生态环境、经济总量、社会结构等原有的“状态”发生改变，直接“影响”着生态环境、经济质量和人民生活等方面，通过退耕还林（草）政策的实施和转变经济发展方式来调整生态环境、经济政策与社会制度，对这些变化做出“响应”，从而减缓环境压力，维持生态、经济和社会之间和谐统一的关系。由生态环境状态、问题、治理措施、经济总量、质量、结构；人口、社会结构、社区发展及人民生活等多方面构成EES系统DPSIR协调发展指标体系（共计10类32项）。

（2）运用模糊隶属度——灰色系统动态预测协调发展评价模型时序分析。以黄土丘陵区志丹县为县域实证研究对象，在对生态修复对研究区生态-经济-社会的影响的统计描述的基础上，依据DPSIR协调发展指标体系，对1997～2010年EES系统协调发展进行时序的静态及动态评估，并对其2011～2015年协调发展度进行灰色系统动态预测。通过对EES系统综合指数分析得出：生态指数整体呈波动式上升的趋势，最低值为1998年的0.135，最高值为2010年的0.719，明显高于14年均值0.501；经济指数存在较大差异，其均值为0.386，整体分为快速发展（1997～2005年）和稳定发展（2006～2010年）两个时期；社会指数整体呈上升趋势。在指数分析基础上，通过对生态-经济系统、生态-社会系统与经济-社会系统彼此间的协调度、发展度及协调发展度分析，表明两两系统间都没有实现协调同步发展，大多属于严重失调状态。从一定意义上讲，生态-经济-社会是一个有机的复合统一体，三者相辅相成，缺一不可，忽略任何一个子系统从单因素分析，都不能客观科学的评估EES系统的协调发展水平。进一步对EES系统协调发展综合分析评价得出：志丹县社会、经济及生态环境都得到了极大的提高，三者指数随着时间的推移呈不同程度的增长，并随着社会发展的进步、经济水平的提高及生态保护措施的实施，EES 系统的发展趋势更为协调。通过预测分析表明：志丹县未来应该在巩固现有生态建设成果的基础上，依然大力发展经济和社会，实现 EES 系统持续协调发展。

（3）运用变异系数协调发展评价模型及 Arcgis 技术时空分析。依据 DPSIR 协调发展指标体系，以黄土丘陵区榆林市为市级研究客体，对榆林市 1997～2011 年 12 个县区 EES 系统的协调发展度进行时空分析。从时序分析得出：纵观 15 年间的发展态势，EES 系统指数呈上升趋势，并在不同时期表现出不同的发展势头，居于不同的地位，可以分为生态主导地位（1999～2009 年）、经济发展主导地位（1997～1998 年）、社会进步主导地位（2010～2011 年）三个阶段。EES 系统协调发展趋于好转，但整体水平有待提高。发展类型分为衰退失调类（1997～2006 年）、亚协调发展类（2007～2008 年）、协调发展类（2009～2011 年）三个阶段；从空间格局分析，EES 系统协调发展县际差异显著，形成中心地带和南北两端三个等级板块，呈现由分散到集中，核心到边缘的空间格局。

（4）运用主成分分析法提取影响 EES 系统协调发展的主控因子，通过对其分析，从调整三大产业结构、生态建设一体化、加强生态农业、生态工业和生态文化建设、发展文化产业等方面提出对策建议。

7.2 对策与建议

7.2.1 调整三大产业结构

第一，以服务业为核心的第三产业优先发展。产业结构的合理与否直接决定着经济发展的进程，研究区高能耗、高污染的资源开发，给生态环境造成严重压力，严重制约着其 EES 系统协调持续发展，为此，大力发展第三产业，发挥其低能耗、低污染、高弹性就业的优势，对第一、二产业的发展有积极支持作用。第二，加快产业升级。围绕研究区的资源禀赋和经济结构的特点，有针对性的寻求技术上的突破，在能源方面，通过“煤炭多联产关键技术”、“低阶煤高浓度水煤浆制备技术”等技术的推广应用，延长以煤炭为主要的能源产业链，增加其附加值；与此同时，在特色农业方面，应用“山地红枣微灌技术”、“长柄扁桃人工栽培和制备食用油关键技术”等对农业经济作物进一步深加工，增加农民收入。通过上述技术改造和革新，淘汰落后高耗能产业，降低能耗对环境的压力，推动产业结构优化，提高经济效益，有效发挥人力资源优势，形成新型工业化发展模式。第三，优化能源结构。以洁净技术和替代能源的开发为调整能源结构的着力点，在现有煤炭、石油、天然气为主的能源消费结构基础上，逐步降低煤炭消费比例，同时大力发展对核能、太阳能、风能、生物能等新能源和可再生能源的研发力度，逐步转变为以可再生能源为核心的多元化能源消费结构。首先要加大资源节约技术的研发，通过对信息，生物和新材料等资源节约技术、环境无害化技术、资源回收利用技术等研发和创新，并建立产业化示范区，加快其推广及应用，提高资源的利用效率和废弃物资源回收利用，加大环境无公害处理力度，倡导发展循环经济，解决研究区资源开发利用与环境保护间的矛盾，从本质上调节生态与经济社会间的协调关系；其次要求研究区还应积极同相关科研机构和高校院所开展科技合作和项目协议，并配有相应的优惠政策，将产、学、研相结合，建设科技园区、资源共享合作等模式，促进创新体系建设；同时要继续建设以深加工为重点的科技创业工程，不断完善国家可持续发展实验区现代特色农业科技示范基地建设工程、矿区生态修复关键技术研究与试验示范工程、工业园区循环经济关键技术集成科技示范工程、污染物治理重点工程、生态保护与建设重点工程、科技创新与创业发展重点工程、兰炭产业与资源综合利用成套技术及装备示范工程等，推动产业向集群迈进、项目向园区集聚、园区向板块发展，从而实现“信息化程度高、科技含量高、比较效益高、加工程度高、工业化标准高、环境代价低”的新型工业化发展体系。

除此之外，提高劳动者素质对合理调整产业结构有助推作用。劳动者作为生产和生活的主体和最核心的要素，其体质、知识、技能、品德等综合素质的提高直接影响着提高经济效益、调整产业结构。为此，研究区必须加强职业教育与培训，结合当地生产和产业的特点，有针对性地对劳动者进行专业科技知识教育和相应的技能培训，特别是要整合农村教育资源，调整农村教育结构，提高农民基础知识水平，并重点加强农民专业技能的培训，广泛开展多层次，多渠道、多形式的科技培训和科技推广，培养和造就有文化、懂技术、会管理的新型农民，这不仅是提高农民整体素质的有效途径，而且极大地推进现代农业经济的全面发展。进一步建立与完善各级农机推广站和农民技术协会。农机推广站是农机新产品和技术引进、试验、示范和推广的主要载体，在为农户提供技术指导和服务的同时，不断推进技术创新；农民技术协会是农村技术组织的具体表现形式，也是主要专业技能交流、科技信息推广普及和提高农民对政治、经济、社会活动参与能力的主要平台；在此基础上不断完善科技人才管理制度，制定具体的吸引和培养人才的配套政策及措施，形成实效的人才激励机制，特别是充分发挥研究区乡土人才的示范作用，有机地将外来引入人才和乡土人才结合，形成特有的高素质-高效率-高收入的人才结构；另外，加快信息工程建设。通过各种媒体和传播渠道普及科学知识，充分发挥信息在现代科技中的作用。

总之，调整三大产业结构的关键在于通过技术结构的调整与技术革新加快产业升级，以产、学、研相结合的模式推进能源结构优化，提高劳动者素质助推实现三大产业结构比例合理化，从而解决研究区经济发展不平衡，环境保护与能源开发矛盾突出等问题（马艳，2011）。

7.2.2 加快生态建设一体化

生态建设一体化是在生态文明观的思想指导下，以实现人与自然和谐统一为目标的一切进步过程与积极成果的结晶，是推进生态文明建设的思想核心和遵循的原则，其实质是协调处理人与自然关系的过程。自然界是人类生存发展的基础，人作为自然物，是自然界的一分子，人与自然是对等的地位，人类在生产和生活活动中充分发挥能动性和创造性要关注自然的存在价值，以遵循自然规律为前提，不能无限度的超越其极限，应摆正自己在自然界中的位置，实现人与自然协调共生。具体要求研究区要在不断巩固退耕还林等林业建设重点工程的同时，应积极实施绿色通道、流域及生态景观林等一大批县市级自主投资的林业重点项目，形成“点、线、面”相互补充的城乡立体绿化网络，并要继续强化环保、水保监督等宣传和执法环节，提高全民环保意识，努力提升研究区绿化水平。与此同时，继续开展城镇环境综合整治，加大开发利用天然气、电能、太阳能等清洁能源，从而逐步形成区域生态系统的良性循环。同时要在此基础上，加快城乡一体化，以城带乡、以乡促城，形成以县为中心、以镇为支撑、以乡村为基础的规划体系，统筹推进小城镇建设，创新农村建设，改造老城区、开发新城区、拓展城市规模，发挥规模聚集效应，增强其辐射带动能力。此外，紧密结合研究区的实际情况和特点，因地制宜建立生态保护示范园区，并全面开展生态治理的试验研究及推广；以资源型经济发展为主，结合知识经济和循环经济，实现区域经济持续协调发展；发挥利用区域优势发展地域特色社会文化，通过整合和合理规划不同功能的区域，使各项建设在地域分布上综合协调，以求达到最优的生态、经济社会效果统一规划，从而实现最大的经济效益、社会效益和生态效益。

与此同时，不断完善生态法制政策体系，一是建立节能环保激励机制。通过制定和完善一系列配套的政策和法规体系来规范节能环保的行为和举措，健全节能环保的相关指标体，用指标量化的方法严格考核，并将节能环保作列为责任考核的内容，该机制遵循节能环保行为奖惩分明的原则，对履行好的企业及区域，借助经济手段中的财政、借贷等措施对其进行支持和奖赏，对“三高”（高投入、高消耗、高污染）企业和产业，严格监管，通过排污权交易制度等对其进行约束，该机制以问责制的方式使节能环保得以顺利实施，从而推动资源节约型和环境友好型社会建设。二是建立生态环境防治、监测和预警体系，开展预测。该体系是由农、林、牧和环保等部门组成，通过先进的生物、地理、环境和计算机网络等多学科技术，动态检测农业、生物、水土保持、地质水质、生态等系统的变动趋势，从而形成全面综合的生态环境质量动态数据库，有效地将监测资源与信息资源集成，为科学的生态环境监测跟踪评价和完善监视体系提供信息共享。此外，进一步建立完善预警系统，通过预测、预报生态环境变化趋势，尽可能地避免和减少各中自然灾害所造成的损失。三是加大财政扶持力度和监督管理力度。研究区政府应环保投入占GDP的比重列入经济和社会发展目标之中，增加环保资金投入，逐步形成环保投入稳定增长机制，可以对投资和其他专项资金整合，将节省的资金用于与循环经济相关领域，并且积极鼓励企业、信贷机构和社会为发展循环经济提供一定的资金保障。此外，建立严格的资源节约管理制度，在研究区实行单位能耗目标责任和评价考核制度，特别是对高耗能企业节能审计严格监督，对高耗能高耗水落后工艺、技术和设备强制淘汰，对设计、施工、生产等技术标准和材料消耗核算的严格把关。总之，在生态建设及规划进程中，以制度规范为准则，以人与自然的和谐关系为出发点，加快对环境保护法的修订进程，明晰环境产权的界定，设立和完善独立专一的环境资源管理机构，特别是要严格落实环境责任追究制度，加大对环境违法行为处罚力度，逐步形成完善的生态法制体系。

7.2.3　加强生态农业、生态工业和生态文化建设

(1) 加强高效生态农业建设。一要合理使用耕地资源，加强基本农田保护。农、林、水、牧及计划部门形成合力，严格按照土地利用总体规划，合理配置土地资源，尤其通过对现有耕地的保护和利用，确保基本农田的数量，建立基本农田地力与施肥效益长期定位监测点，合理施用有机化肥和农药，确保基本农田的质量。与此同时，加大对土地用途管制，严格控制农地转为建设用地，并对造成或者可能造成基本农田污染和破坏的当事人必须采取严厉处治。二要调整农业结构。按照土地特点、环境条件和市场要求制定农业区域规划，运用现代科学技术和现代管理手段调整农业结构，优化布局，以无公害绿色有机农产品为主打，以洋芋、名贵杂豆、荞麦、玉米、水稻、大棚蔬菜等杂粮为特色品牌，形成具有开发潜力的特色产业体系。同时大力发展陕北绒山羊、草原土鸡、猪、奶牛、湖泊鱼等畜牧渔业，并提高其在农业中所占的比重。此外建立安全农产品生产基地和健全安全农产品监测体系，防治农业环境污染，这要求加快技术创新，促进产品品种改良、换代和产业升级。三要强化科技农业的发展。通过大力推广设施农业、精准农业和节水农业，防止土壤肥力退化；推进农业科技创新，加大科技投入力度，积极研究、引进、开发、应用现代农业科技成果、生物技术和生态技术。四要培育壮大以特色农业为龙头的产业发展。依据区域农业特色，建立以绿色食品加工和特色农产品产销一体的龙头企业，充分发挥市场的配套服务和生产导向功能，进而加快生态农业的发展壮大。

(2) 加强工业环保建设。一要建立生态工业园区，依托资源优势和产业基础，在适应区域的环境容量的前提下，合理布局规划工业基地，并加大对生态型工业的开发和支持，加快工业生态化步伐。二要严格审批矿产权，科学制定矿产

开采规划；调整和优化矿产资源利用结构，提高资源配置效率，努力实现矿产资源的综合利用；节约利用资源，发展替代性资源。三要积极研发和推广新技术和新工艺，通过资金投入倾向，加大对新型技术的研发和运用，采用先进技术提高资源开打利用效率，对资源深加工，延长产业链，增加产业附加值，同时大力推进清洁生产，引入信息技术，加快对传统产业的提升，从而推进传统资源型产业向生态型转型。

（3）弘扬生态文化。通过生态文明教育与宣传，普及生态环保知识，增强生态环保意识，节约意识，积极开展创建“生态村镇、绿色社区、园林化、绿色通道、三个百树、无公害绿色食品生产”等活动，提高全民参与生态建设的积极性和珍惜资源的自觉性，树立正确价值观、消费观，形成良好的消费社会风尚，促进生态、经济、社会全面协调健康发展。

总之，依据研究区的生态环境及其功能与容量，将生态工业、生态农业和绿色服务业科学的规划，形成“三产互动”的循环经济发展的空间布局，充分发挥生态农业的基础作用、生态工业的带动作用和绿色服务业的支撑作用，通过三大产业之间的共生机制，促进其互动发展，实现资源消耗低增长、环境污染负增长的集约型、节约型、生态型区域循环经济产业发展的目标。

7.2.4 发展文化产业

志丹县与榆林市都属于黄土丘陵区，自然景观、矿产资源和文化资源有许多交集，因此要充分发挥文化产业的作用，为其发展创造提供良好的社会环境，使文化产业成为研究区经济社会持续协调发展的新的增长点。

首先，要依托当地文化资源，大力发展文化产业。志丹县和榆林市以历史背景为契机，依据独特的自然景观，丰富的区域文化资源，不断提升文化软实力。把生态、文化与旅游统筹规划，将生态文化、红色文化，民俗文化及旅游文化相融合，形成具有陕北特色的文化产业，大力弘扬民俗文化，不断提高城乡文明程度。研究区继续弘扬和继承民间工艺、歌舞曲艺、建筑及饮食等多元文化，并引入新型的陕北信天游文化产业，通过媒体通信等技术，加大对其宣传，从而提升区域黄土历史文化产业的影响力。同时大力发展以自然风光、野生动植物以及生态文化特色为主的生态旅游，遵循旅游开发与自然环境保护并举的原则，加强对以人文景观旅和生态农业为主导的旅游带的建立，合理开发大夏统万城、红石峡、道教圣地白云山等旅游资源，逐步形成独具黄土文化特色的旅游观光网络，真正将研究区的文化产业与生态、经济社会发展紧密结合，实现全面协调发展。

其次，建立和完善促进文化产业发展的优惠政策。建立多元化的文化产业投入机制，政府应适当的通过政策倾斜加大对文化产业的扶持，鼓励借用社会力量创办的文化企业，并依据市场体制，平等参与文化产业竞争，通过文化产业人才队伍的壮大，激励创新型人才，发展创新文化产业；此外，引入经济手段组建文化产业投资公司，加强对重点及特色文化产业项目的建设支持；建立文化产业融资体制，对其的贷款支持，拓展相关保险业务，为文化产业的发展提供支持服务。

综上所述，调整产业结构，加快生态建设一体化，加强生态农业、生态工业和生态文化建设、发展文化产业等是研究区实现区域EES系统协调可持续发展的重要途径。

7.3 展　望

本书基于DPSIR概念框架模型，构建因果链区域EES系统协调发展评价指标体系，结合模糊隶属度和变异系数协调发展模型，构建了DPSIR-协调发展综合评价模型，对区域EES系统协调发展程度进行分析评价，试图为协调发展评价研究提供一种新的模式，这不仅为研究区域发展有导向作用，同时为我国类似区域发展以供参考。然而EES系统在协调发展过程中受到多种因素的影响与制约，其评价研究涉及的内容十分广泛、问题复杂，本书提出的DPSIR-协调发展评价方法也只是依据理论方法进行了初步的探索，在实证研究工作中还有待于进一步完善和拓展。

(1) 在现有研究手段和资料的局限制约下，构建的DPSIR-协调发展评价指标体系中生态系统较经济和社会系统略显薄弱。

(2) 探讨了在不同的行政单位下，不同的协调发展模型（模糊隶属度和变异系数）对EES系统协调发展的评价结果基本与实际情况一致。但由于目前有关区域EES系统从时空维度转化评价协调发展的理论与方法尚不完善，因而计算结果存在一定的误差。此外，仍需对不同研究区域的指标体系进一步探究。

(3) DPSIR-协调发展评价与以往的评价方法相比，最大的优势是在一定程度上考虑了指标间的因果链关系及交互式作用，但是这种交互式作用仅是一种灰色的影响作用，要进一步明确各指标间的相互关系，仍然需要大量的调研和基础研究，使DPSIR-协调发展评价模型更为精准。

(4) EES系统是一个开放性的系统，本书对黄土丘陵区的志丹县和榆林市的EES系统协调发展进行评价研究，主要集中于系统内部生态、经济与社会系统协调发展的研究，对其与系统之外各地区的生态、经济与社会协调发展的作用暂未涉及到，需要今后深入这方面的研究。

参考文献

阿瑟·刘易斯. 1983. 经济增长理论[M]. 北京：商务印书馆：103-112.

白华，韩文秀. 2000. 复合系统及其协调的一般理论[J]. 运筹与管理，9(3)：1-7.

白华，韩文秀. 1999. 区域经济-资源-环境(Ec-R-Ev)复合系统结构及其协调探析[J]. 系统工程，17(2)：19-25.

白洁，王学恭，赵成章. 2010. 河西走廊绿洲生态经济系统协调发展能力评价[J]. 干旱区地理，(1)：78-81.

包维楷. 2001. 生态恢复重建研究与发展现状及存在的主要问题[J]. 世界科技研究与发展，(1)：65-70.

鲍莫尔，奥茨. 2003. 环境经济理论与政策设计[M]. 2 版. 严旭阳译. 北京：经济科学出版社：67-77.

蔡平. 2005. 经济与生态环境协调发展的模式选择[J]. 齐鲁学刊，(4)：154-157.

蔡平. 2004. 经济发展与生态环境的协调发展研究[D]. 乌鲁木齐：新疆大学博士学位论文.

蔡思复. 2007. 兼顾公平与效率，促进经济社会和谐发展[J]. 中南财经政法大学学报，(2)：67-75.

茶娜，邬建国，于润冰. 2013. 可持续发展研究的学科动向[J]. 生态学报，33(9)：87-91.

车冰清，朱传耿，孟召宜，等. 2012. 江苏经济社会协调发展过程、格局与机制[J]. 地理研究，31(5)：66-75.

陈宝明，林真光，李贞，等. 2012. 中国井冈山生态系统多样性[J]. 生态学报，32 (20)：54-61.

陈德昌. 2003. 生态经济学[M]. 上海：上海科学技术文献出版社：97-101.

陈德昌，张敬一. 2003. 城市可持续发展与交通工具选用关系的思考[J]. 环境保护，12：66-74.

陈凤桂，张虹欧，吴旗韬. 2010. 我国人口城镇化与土地城镇化协调发展研究[J]. 人文地理，(5)：53- 58.

陈华文，刘康兵. 2004. 经济增长与环境质量：关于环境库兹涅茨曲线的经验分析[J]. 复旦学报(社会科学版)，(2)：87-94.

陈静，曾珍香. 2004. 社会、经济、资源、环境协调发展评价模型研究[J]. 科学管理研究，22(3)：9-12.

陈珏，雷国平. 2011. 大庆市土地利用与生态环境协调度评价[J]. 水土保持研究，(3)：45-67.

陈秀山. 2006. 区域经济协调发展要建立区域互动机制[J]. 党政干部学刊，(1)：27-29.

陈洋波. 2004 基于 DPSIR 模型的深圳市水资源承载能力评价指标体系[J]. 水利学报，(7)：98-103.

程国栋. 2012. 中国西部生态修复试验示范研究集成[M]. 北京：科学出版社：90-95.

初云保. 2007. 教育发展战略与教育规划研究 [J]. 科技情报开发与经济，(21)：231-232.

大卫·皮尔斯. 1996. 绿色经济的蓝图 [M]. 张丽等译. 北京：北京师范大学出版社：47-48.

戴淑燕，黄建新. 2004. 可持续发展协调度的评价方法分析[J]. 科技与管理，6：12-14.

邓聚龙. 1992. 灰色系统基本方法[M]. 武汉：华中理工大学出版社：108-113.

丁金梅，文琦. 2010. 陕北农牧交错区生态环境与经济协调发展评价[J]. 干旱区地理，(1)：31-38.

董金凯，贺锋，肖蕾，等. 2012. 人工湿地生态系统服务综合评价研究[J]. 水生生物学报，36(1)：34-43.

董四方，董增川，陈康宁. 2010. 基于 DPSIR 概念模型的水资源系统脆弱性分析[J]. 水资源保护，(4)：13-25.

杜加强，舒俭民，张林波. 2012. 基于植被降水利用效率和 NDVI 的黄河上游地区生态退化研究[J]. 生态学报，(11)：79-88.

段晶晶，李同昇. 2010. 县域城乡关联度评价指标体系构建与应用—以西安为例[J]. 人文地理，(4)：54-61.

范金，沈杰. 2001. 生态经济投入占用产出的多目标优化模型及求解[J]. 系统工程理论，(5)：56-63.

范泽孟，李靖，岳天祥. 2013. 黄土高原生态系统过渡带土地覆盖的时空变化分析[J]. 自然资源学报，28(3)：103-110.

范中启，曹明. 2006. 能源-经济-环境系统可持续发展协调状态的测度与评价[J]. 预测，25(4)：66-70.

冯科．2007. GIS和PSR框架下城市土地集约利用空间差异的实证研究——以浙江省为例[J]. 经济地理，27(5)：811-814.

冯仁国．2001. 区域经济社会与资源环境协调发展研究——以长江三峡为例[D]. 北京：中国科学院地理科学与资源研究所博士学位论文．

冯耀龙，韩文秀．2003. 面向可持续发展的区域水资源优化配置研究[J]. 系统工程理论与实践，(2)：23-24.

冯玉广，王华东．1997. 区域人口-资源-环境-经济系统可持续发展定量研究[J]. 中国环境科学，(5)：402-405.

傅畅梅．2013. 系统论视阈中的生态文明探析[J]. 长沙理工大学学报，28(3)：44-53.

傅朗．2007. 区域环境与经济协调发展的评价研究[D]. 广州：中国科学院研究生院(广州地球化学研究所)博士学位论文．

弗里曼Ⅲ A M. 1993. 环境与资源价值评估:理论与方法[M]. 曾贤刚译．北京：中国人民大学出版社:431-442.

盖凯程．2008. 西部生态环境与经济协调发展研究[D]. 成都：西南财经大学博士学位论文．

高波，朱英群．2006. 区域系统协调发展评价体系建立与分析[J]. 商场现代化,(8)：27-29.

高波，王莉芳，庄宇．2007. DPSIR模型在西北水资源可持续利用评价中的应用[J]. 四川环境，26(1)：33-36.

高吉喜．1999. 区域可持续发展的生态承载力研究[D]. 北京：中国科学院博士学位论文．

高乐华，高强．2012. 海洋生态经济系统交互胁迫关系验证及其协调度测算[J]. 资源科学，34(1)：35-44.

高磊．2012. 黄土高原小流域土壤水分时间稳定性及空间尺度性研究[D]. 杨凌：中国科学院研究生院(教育部水土保持与生态环境研究中心)博士学位论文．

高志刚，沈君．2010. 新疆典型区域经济与环境协调发展评价与预测研究[J]. 干旱区资源与环境,(2)：56-61.

龚胜生．1999. 论可持续发展的区域性原则[J]. 地理学与国土研究，15(1)：1-6.

顾培亮．1991. 系统分析[M]. 北京：机械工业出版社：71-81.

陈卫东，顾培亮，刘波．2009. 中国海洋可持续发展的SD模型与动态模拟[J]. 教学的实践与认识，(21)：87-96.

关雷，陶军德，李艳芳．2009. 哈尔滨城市土地利用协调性分析[J]. 国土与自然资源研究,(3):77-82.

郭亚军，潘德惠．1990. 城市经济、社会、环境协调发展比例的探讨[J]. 东北工学院学报，11(66):267-272.

哈斯巴根，李同昇，佟宝全，等．2013. 生态地区人地系统脆弱性及其发展模式[J]. 经济地理，4：51-56.

韩新辉，杨改河，徐丽萍．2008. 黄土高原林(草)生态工程作用机理及模型检验[J]. 西北农林科技大学学报(自然科学版),(7)：67-71.

何圣嘉，谢锦升，曾宏达，等．2013. 红壤侵蚀地马尾松林恢复后土壤有机碳库动态[J]. 生态学报，(10)：66.

洪银兴．2000. 可持续发展经济学[M]. 北京：商务印书馆：100-110.

胡辉，习勒．2011. 江西省铁路运输与经济发展的协调关系研究[J]. 企业经济，(6)：79-87.

黄娟．2008. 生态经济协调发展思想研究[M]. 北京：中国社会科学出版社：120-128.

黄贤凤，何有世．2005. 江苏省经济—资源—环境系统协调发展实证研究[J]. 统计与决策，(2)：71-73.

霍兰 J H. 2001. 隐秩序:适应性造就复杂性[M]. 周晓牧,韩晖译．上海：上海科学技术出版社：1008-1011.

吉红．2005. 县域经济协调发展指标体系与预警系统研究[J]. 经济问题,(6)：109-116.

贾立敏．2010. DPSIR模型下小水电可持续发展评价指标体系研究[J]. 中国农村水利水电,(10)：113-114,117.

姜文仙．2013. 广东省区域经济协调发展的效应评价[J]. 发展研究,(5)：75-83.

姜学民．1993. 生态经济通论[M]. 北京：中国林业出版社：81-83.

姜晔，吴殿廷，岳晓燕，等．2011. 我过统筹城乡协调发展的区域模式研究[J]. 城市发展研究，(2)：99-105.

姜志德，王继军，卢宗凡．2009. 吴旗县退耕还林(草)政策实施情况调查研究[J]. 水土保持通报，(3)：54-61.

蒋定生．1997. 黄土高原水土流失与治理模式[M]. 北京：中国水利水电出版社：108-113.

蒋清海．1995. 区域经济协调发展的若干理论问题[J]. 财经问题研究,(6)：54-63.

焦居仁．2003. 生态修复的探索与实践[J]. 中国水土保持,(1)：68-74.

金鉴明，田兴敏．2012. 创新发展模式,推进生态文明绿色转型可持续发展模式的探讨[J]. 环境保护，(20)：35-46.

金荣学，余军华．2007. 改革开放后中国区域经济空间差异的实证分析——基于省级收入分组数据的核算[J]. 财政研究，(12) ：178-188

柯健，江燕敏．2007. 安徽省资源环境经济系统协调发展评价[J]. 资源开发与市场,(8)：688-691.

蔻娅雯．2013. 我国战略性新兴产业政策调控机制研究——基于可持续发展视角[J]. 生产力研究，(3)：110-119.

冷志明．2012. 武陵山经济协作区空间协调发展程度评价[J]. 地理研究，(3)：21-28.

李博，石培基，金淑婷，等．2010. 甘肃省与其毗邻区域经济差异空间演化研究[J]. 经济地理，(4)：110-120.

李芳林，臧凤新，赵喜仓．2013. 江苏省环境与人口、经济的协调发展分析——基于环境安全视角[J]. 长江流域资源与环境，(7)：54-63.

李刚．2012. 青岛市 PREE 系统协调发展研究[J]. 中国统计，(8)：99.

李后强，艾南山，汪富泉．1998. 人地协调论:可持续发展模型构建的基础[J]. 中国人口资源与环境，8(3)：48-49.

李建兰．2004. 发展循环经济实现经济与资源环境协调发展[J]. 四川行政学院学报，(6)：12-13.

李金颖．2006. 经济-电力-环境系统协调度分析[J]. 统计与决策,(6):33-35.

李进涛，谭术魁，汪文雄．2009. 基于 DPSIR 模型的城市土地集约利用时空差异的实证研究——以湖北省为例[J]. 中国土地科学，(3)：49-54,65.

李克国．2003. 环境经济学[M]. 北京：中国环境科学出版社：120-129.

李坤．2004. 论地理教学中可持续发展观的培养[D]. 长沙：湖南师范大学硕士学位论文：18-26.

李敏．2007. 生态构建社会城乡统筹的生态绿地系统[J]. 中国城市林业，(5)：21-23.

李祺．2012. 经融协调发展理论研究综述[J]. 中国经贸导刊，(26)：60-69.

李茜，张建辉，罗海江，等．2013. 区域环境质量综合评价指标体系的构建及实证研究[J]. 中国环境监测，(3)：108-110.

李倩，鞠美庭．2013. 基于复杂系统理论的天津市环境与经济关系分析[J]. 环境科学研究,(1)：55-59.

李秀娟．2008. 吉林省国有林区经济社会环境系统协调发展评价研究[D]. 北京：北京林业大学博士学位论文．

李艳，武优西，曾珍香．2003. 河北省环境——经济系统协调发展评价研究[J]. 管理科学与系统科学研究新进展——第 7 届全国青年管理科学与系统科学学术会议论文集．589-591.

厉以宁．2011. 缩小城乡收入差距的对策[J]. 中国市场，(24)：88-96.

厉以宁．1986. 社会主义政治经济学[M]. 北京：商务印书馆：178-190.

廖重斌．1999. 环境与经济协调发展的定量评判及其分类体系——以珠江三角洲城市群为例[J]. 热带地理，19(2)：172-177.
林逢春，王华东．1995. 环境经济系统分类及协调发展判据研究[J]. 中国环境科学，15(6)：430-433.
林卿．2003. 知识经济是可持续发展的经济[J]. 生态经济，(2)：20-22.
莱斯特·R. 布朗．2003. 生态经济：有利于地球的经济构想[M]. 林自新等译．北京：东方出版社：100-104.
刘晨光，李二玲，覃成林．2012. 中国城乡协调发展空间格局与演化研究[J]. 人文地理，(2)：34-39.
刘德军．2013. 促进山东区域协调发展的对策建议[J]. 宏观经济管理，(9)：69-75.
刘东，封志明，杨艳昭，等．2012. 基于生态足迹的中国生态承载力供求平衡分析[J]. 自然资源学报，(4)：77-82.
刘建军，王文杰，李春来．2002. 生态系统健康研究进展[J]. 环境科学研究，15(1)：41-44.
刘娟，郑钦玉，郭锐利，等．2012. 重庆市人口城镇化与土地城镇化协调发展评价[J]. 西南师范大学学报，(11)：110-118.
刘芃岩．2011. 环境保护概论[M]. 北京：化学工业出版社：38-46.
刘书明．2013. 基于区域经济协调发展的关中—天水经济区政府合作机制研究[D]. 兰州：兰州大学博士学位论文．
刘思峰，谢乃明．2004. 灰色系统理论及其应用[M]. 北京：科学出版社：105-110.
刘思华．2002. 一部可持续发展经济理论的创新之作[J]. 生态经济，(7)：33-35.
刘涛．2011. 山东县域社会经济协调发展格局及对策研究[J]. 中国人口·资源与环境，21(11)：169-173.
刘伟德．2001. 中国人口城市化水平与城乡就业问题探讨[J]. 经济地理，21(3)：427-430.
刘文斌．2012. 新中国经济与社会协调发展演化路径及其启示[J]. 探索，(3)：88-96.
刘晓静，刘加顺．2013. 武汉城市圈产业结构优化路径研究[J]. 当代经济，(19)：90-96.
刘新卫，张定详，陈百明．2008. 快速城镇化过程中的中国城镇土地利用特征[J]. 地理学报，63 (3)：301-310.
刘艳清．2007. 区域经济可持续发展的系统分析[J]. 辽宁教育行政学院学报，(9)：79-83.
卢宗凡，梁一民，等．1997. 中国黄土高原生态农业[M]. 西安：陕西科学技术出版社：124-131.
鲁传一．2004. 资源与环境经济学[M]. 北京：清华大学出版社：72-73.
罗建玲，王青．2010. 资源、环境与经济的协调度测定——以陕西省为例[J]. 资源环境与发展，(4)：56-61.
骆永明．2006. DPSIR 体系及其在土壤圈环境管理中的意义[J]. 土壤，(5)：657-661.
罗阳．2006. 基于 PSR 模型的福州城市可持续发展指标体系构建[J]. 齐齐哈尔师范高等专科学校学报，(4)：71-73.
梁强．2013. 人口与经济、环境协调发展问题研究[D]. 大连：东北财经大学博士学位论文．
马俊杰．1999. 黄土高原开发治理典型方式、方法演变研究[J]. 国土开发整治，9(2)：39-44.
马世骏，王如松．1984. 社会-经济-自然复合生态系统[J]. 生态学报，4 (1)：1-9.
马艳，严金强．2011. 经济发展方式与低碳经济关系的理论与实证分析[J]. 经济纵横，(1)：44-48.
马颖忆，陆玉麒．2011. 基于变异系数和锡尔指数的中国区域经济差异分析[J]. 特区经济，(5)：77-84.
马玉香，陈学刚，高素芳．2011. 基于生态足迹的金奖可持续发展建设用地面积预测研究[J]. 干旱区资源与环境，(5)：103-110.
毛汉英，陈为民．1995. 人地系统与区域持续发展研究[M]. 北京：中国科学技术出版社：109-117.
蒙晓，任志远，戴睿．2012. 基于压力-状态-响应模型的宝鸡市生态安全动态评价与预测[J]. 水土保持通报，(3)：57-62.
孟庆松，韩文秀．2000. 复合系统协调度模型研究[J]. 天津大学学报，33(4)：445-447.
聂春霞，刘晏良，何伦志．2011. 区域城市化与环境、社会协调发展评价——以新疆为例[J]. 中南财经政法大学学报,(4)：50-58.
聂春霞，刘晏良．2013. 区域经济与环境协调发展评价与预测——以新疆阿勒泰地区为例[J]. 干旱区资源与环境,(10)：19-127.
牛文元．2000. 2000 中国可持续发展战略报告[M]. 北京：科学出版社：201-210.
欧雄，冯长春，沈青云，等．2007. 协调度模型在城市土地利用潜力评价中的应用[J]. 地理与地理信息科学,(1)：99-103.
欧阳彦，卢勇辉，刘秀华．2011. 基于熵值法的城乡协调发展的综合评价研究——以重庆市为例[J]. 西南农业大学学报(社会科学版)，(1)：75-81.
彭荣胜．2012. 区域协调发展战略下的淮河流域经济空间开发研究[J]. 生态经济，(5)：89-96.
彭少麟．2003. 热带亚热带退化生态系统植被恢复生态学研究[M]. 北京：科学出版社：309-314.
彭少麟，赵平．2001. 跨越边界的生态恢复——第十三届国际恢复生态学大会综述[J]. 生态学报，21(12)：217.
彭少麟，陈蕾伊，侯玉平．2011. 恢复与重建自然与文化的和谐——2011 生态恢复学会国际会议简介[J]. 生态学报，(17)：68-73.
彭诗言．2010. 基于可持续发展的生态补偿机制研究[J]. 中国经贸导刊，(12)：35-38.
皮尔斯．1996. 世界无末日[M]. 张世秋等译．北京：中国财政经济出版社：305-312.
秦绪娜．2011. 经济环境协调与地方政府行为研究[D]. 杭州：浙江大学博士学位论文．
任海，彭少麟．2001. 恢复生态学导论[M]. 北京：科学出版社．
任海，彭少麟. 1998. 退化生态系统的恢复与重建[J]. 青年地理，3(3)：7-11.
任海，彭少麟，陆宏芳．2003. 退化生态系统恢复与恢复生态学[J]. 生态学报，(8)：170-176.
萨缪尔森．1992. 经济学[M]. 12 版．高鸿业等译．北京：中国发展出版社：188-189.
单长青，李甲亮，黄宝圣，等．2011. 黄河三角洲地区环境与经济协调发展状况评价[J]. 湖北农业科学，50(21)：452-453.
申金山，赵瑞．2006. 城市复合系统协调发展定量评价[J]. 科技进步与对策，(2)：137-138.
申玉铭，方创琳．1996. 区域 PRED 协调发展的有关理论问题[J]. 地域研究与开发，15(4)：20-23.
申玉铭，毛汉英．1999. 区域可持续发展的若干理论问题研究[J]. 地理科学进展，18(4)：288-296.
沈国明．2001. 21 世纪的选择：中国生态经济的可持续发展[M]. 成都：四川人民出版社，390-346.
沈清基．2012. 城乡生态环境一体化规划框架探讨——基于生态效益的思考[J]. 城市规划，(12)：104-112.
施卫华．2013. 区域协调发展的战略探索[J]. 广东经济，(6)：100-109.
石培基，杨银峰．2010. 人口与经济系统协调发展评价研究——以甘肃省武威市为例[J]. 干旱区资源与环境，(11)：89-94.
史莉洁，李玉光．2006. 走向“共生”人与自然，人与人的生存哲学[J]. 华中农业大学学报，(1)：110-119.
史亚琪，朱晓东，孙翔．2010. 区域经济-环境复合生态系统协调发展动态评价——以连云港为例[J]. 生态学报，(15)：107-113.
司蔚．2012. 看江苏如何构建小康社会环境质量综合指数考核体系[J]. 环境保护，(14)：98-105.
孙见荆．1996. 科技、经济和社会协调发展模型研究[J]. 中国管理科学，(2)：13-17.
孙平军，丁四宝．2012. 东北地区“人口-经济-空间”城市化协调性研究[J]. 地理科学，(4)：77.
孙小梅，朱丽．2010. 生态工业园运行效率评价指标体系的研究[J]. 中国人口·资源与环境，(1)：118-126.
孙毅，张如，石韩健．1993. 关于经济社会生态环境均衡发展的实证研究[J]. 国土与自然资源研究，(4)：47-52.
孙曰瑶，宋宪华．1995. 区域生态经济系统研究[M]. 济南：山东大学出版社：1-2.

孙立成，梅强，周德群．2012. 区域3E系统协调发展水平PLS-SEM侧度模型及应用研究[J]. 运筹与管理，(3)：119-128.

谈存峰，王生林．2013. 基于能值理论的兰州农业生态经济系统评价分析[J]. 中国农业资源与区划，(2)：160-168.

覃成林，张华，毛超．2011. 区域经济协调发展：概念辨析、判断标准与评价方法[J]. 经济体制改革，(4)：50-58.

覃成林，郑云峰，张华．2013. 我国区域经济协调发展的趋势及特征分析[J]. 经济地理，(1)：89-93.

唐克丽．2004. 中国水土保持[M]. 北京：科学出版社：120-130.

唐湘玲，吕新，薛峰．2012. 基于生态足迹的新疆适度人口研究[J]. 干旱区资源与环境，(7)：133-243.

王德发，阮大成，王海霞．2005. 工业部门绿色GDP核算研究——2000年上海能源-环境-经济投入产出分析[J]. 财经研究，31(2)：66-70.

王关区，陈晓燕．2013. 牧区矿产资源开发引起的生态经济问题探悉[J]. 生态经济，(2)：67-76.

王海萍，陈斐．2012. 区域经济社会发展评价实证研究述评[J]. 华东经济管理，(3)：47-52.

王红梅，孟影．2011. 资源型重工业城市经济增长与环境质量相关性研究[J]. 经济问题，(6)：68-79.

王宏伟．2008. 基于GIS的伊犁河流域生态环境质量评价与动态分析[J]. 干旱区地理，(2)：215-221.

王辉，郭玲玲，宋丽．2011. 辽宁省14市经济与环境协调度时空演变研究 [J]. 干旱区资源与环境，(5)：139-145.

王金南，逯元堂，周劲松．2006. 基于GDP的中国资源环境基尼系数分析[S]. 中国环境科学，26(1)：111-115.

王金叶，梁佳，张静．2013. 加快我国西部地区生态经济发展的对策研究[J]. 生态经济，(6)：34-36.

王黎明．1998. 区域可持续发展[M]. 北京：经济科学出版社：209-221.

王书华．2008. 区域生态经济——理论、方法与实践[M]. 北京：中国发展出版社：139-143.

王维国．2000. 协调发展的理论与方法研究[M]. 北京：中国财政经济出版社：346-358.

王维国，李婷．2000. 人口、社会、经济协调发展的地区比较[J]. 中国人口科学，(2)：34-38.

王文锦．2001. 中国区域协调发展研究[D]. 北京：中共中央党校博士学位论文．

王习军．2004. 用人与自然和谐发展的思想指导黄土高原生态修复[J]. 中国水土保持，(11)：67-78.

王喜，秦耀辰．2013. 黄河中下游地区主要省份低碳经济发展水平的时空差异研究[J]. 地理科学进展，(4)：98-108.

王新杰，薛东前．2009. 西安市城市化与生态环境协调发展模式演化分析[J]. 自然资源学报，(8)：499-105.

王学军．1992. 地理环境人口承载潜力及其区际差异[J]. 地理科学，12(4)：30-35.

王炎痒．1993. 持续发展–新的发展战略[J]. 中国人口．资源与环境，(2)：34-42.

王玉芳，蒋敏元．2005. 国有林区经济生态社会协同发展研究综述[J]. 中国林业企业，75(11)：11-15.

王玉亮，杨士弘．1996. 可持续发展的珠江三角洲土地资源研究[J]. 热带地理，(3)：99,110.

王志宏．1998. 可持续发展与投入占用分析[J]. 统计研究，(3)：53-56.

王治国．2003. 关于生态修复若干概念与问题的讨论[J]. 中国气土保持，(11)：20-21.

王宗军，潘文砚．2012. 我国低碳经济综合评价——基于驱动力-压力-状态-影响-响应模型[J]. 技术经济，(12)：79-84.

韦杰．2007. 于DPSIR概念框架的区域水土保持效益评价新思路[J]. 中国水土保持科学，(4)：68-69.

魏宏森，曾国屏．1995. 系统论——系统科学哲学[M]. 北京：清华大学出版社：265-526.

魏一鸣，范英，蔡宪唐．2002. 人口、资源、环境与经济协调发展的多目标集成模型[J]. 系统工程与电子技术，24(8)：1-5.

文春波，钱发军．2011. 河南省循环经济发展评价与对策研究[J]. 生态经济(学术版)，(1)：98-103.

吴超，魏清泉．2003. 区域协调发展系统与规划理念分析[J]. 地域研究与开发，22(6)：6-10.
吴承业，袁达．2000. 中国工业经济与环境协调发展的经济计量分析[J]. 数量经济技术经济研究，(10)：15-17.
吴传钧．2008. 人地关系与经济布局[M]. 北京：学苑出版社：309-320.
吴玉鸣．2010. 广西生态足迹与能源消费的库兹涅茨曲线分析[J]. 中国人口·资源与环境，(11)：79-85.
吴跃明，郎东锋，张子琦．1996. 环境—经济系统协调度模型及其指标体系[J]. 中国人口·资源与环境，6(2)：48-51.
夏德孝，张道宏．2008. 区域协调发展理论的研究综述[J]. 生产力研究，(1)：45-50.
夏哲超，潘志华，张璐阳，等．2010. 基于水分的北方农牧交错带植被生态系统退化机理研究[J]. 资源科学，(2)：103-108.
谢治国．2007. 新中国能源政策研究[D]. 北京：中国科技大学博士学位论文．
肖劲松，王东升. 2010. 资源型城市生态经济系统的价值双向流失及评价[J]. 资源科学，32(11)：2085-2091.
熊鸿斌，刘进．2009. DPSIR模型在安徽省生态可持续发展评价中的应用[J]. 合肥工业大学学报(自然科学版)，(3)：305-309.
徐建华．2002. 现代地理学中的数学方法[M]. 北京：高等教育出版社：37-43.
徐强．1996. 区域矿产资源承载能力分析几个问题的探讨[J]. 自然资源学报，11(2)：135-141.
徐向东，薛惠锋，寇晓东．2004. 基于现代时空理念的区域协调发展质量探讨——以西安市为例[J]. 西安工程科技学院学报，18(1)：76-81.
徐选学，穆兴民，蒋定生．2002. 黄土丘陵区降雨破面再分配规律研究[J]. 水土保持研究，(3)：119-124.
许传阳，郝成元．2013. 区域协调发展的环境政策体系框架：以五大区域为例[J]. 生态经济，(1)：88-96.
续竞秦，吕永成．2005. 广西“经济-能源-环境”复合系统协调度实证分析[J]. 广西社会科学，(4)：127-129.
燕乃玲，虞孝感．2007. 生态系统完整性研究进展[J]. 地理科学进展，(1)：87-89.
严艳．2000. 西部地区经济可持续发展指标体系探讨[J]. 西北大学学报(自然科学版)，30(3)：261-264.
阳洁，魏新．2000. 环境经济协调度及其分析评价[J]. 技术经济与管理研究，(3)：54- 55.
杨保军．2004. 区域协调发展析论[J]. 城市规划，28(5)：20-24,42.
杨才敏．1995. 晋西黄土丘陵区水土流失综合治理开发研究[M]. 北京：中国科学技术出版社：408-415.
杨汉奎，杨斌．1996. 论区域可持续发展的协调度[J]. 贵州科学，(12)：1- 9.
杨静，孙文生．2011. 河北省人口、资源环境与经济协调发展现状研究[J]. 农村经济与科技，(7)：89-96.
杨培峰．2005. 城乡空间生态规划理论与方法研究[M]. 北京：科学出版社：25-27.
杨士弘．2003. 评价《环境地理学导论》[J]. 地理科学，(2)：38-45.
杨士弘．1999. 城市生态环境学[M]. 北京：科学出版社：209-218.
杨世琦，杨正礼，高旺盛．2007. 不同协调函数对生态-经济-经济复合系统协调度影响分析[J]. 中国生态农业学报，(3)：68-74.
杨世琦，高旺盛，隋鹏，等．2005. 湖南资阳区生态经济社会系统协调度评价研究[J]. 中国人口·资源与环境，15(5)：67-70.
杨涛，朱博文．2006. 资源环境系统与经济系统协调发展机制探讨[J]. 农业经济，(8)：50-51.
杨小燕，赵兴国．2013. 欠发达地区产业结构变动对生态足迹的影响——基于云南省的案例实证分析[J]. 经济地理，(1)：66-78.
杨荫凯．2013. 对三中全会关于促进区域协调发展新部署的几点认识[J]. 宏观经济管理，(12)：101-110.
杨银峰，石培基，吴燕芳．2011. 灰色系统理论模型在耕地需求量预测中的应用[J]. 统计与决策，(9)：

88-95.
杨振，常慧丽．2004. 区域生态经济系统协调发展的定量评估[J]. 资源与市场开发，20(6)：403-405.
姚愉芳，袁嘉新．1996. 资源、人口、经济、环境协调发展[J]. 数量经济技术经济研究，(5)：9-13.
叶得明，杨婕妤．2013. 石羊河流域农业经济和生态环境协调发展研究[J]. 干旱区地理，(1)：69-72.
叶文虎．1995. 创建可持续发展的新文明——理论的思考[M]. 北京：北京大学出版社：45-48.
叶文虎，唐剑武．1998. 环境承载力的本质及其定量化初步研究[J]. 中国环境科学，3：15-17.
尤济红，高志刚．2013. 政府环境规制对能源效率影响的实证研究——以新疆为例[J]. 资源科学，(6)：88-96.
于伯华，吕昌河．2004. 基于 DPSIR 概念模型的农业可持续发展宏观分析[J]. 中国人口．资源与环境，4(5)：68-72.
于瑞峰．1998. 区域可持续发展状况评估方法研究及应用[J]. 系统工程理论与实践，(5)：1-6
余娟，吴玉鸣．2007. 广西人口、资源环境与经济系统协调发展评估与分析[J]. 改革与战略，(4)：93-96.
喻小军，周宏，罗荣桂．2000. 湖北省经济—资源—环境协调发展研究[J]. 运筹与管理，9(1)：33-37.
袁嘉祖．1991. 灰色系统理论及其应用[M]. 北京：科学出版社：408-420.
袁久和，祁春节．2013. 基于熵值法的湖南省农业可持续发展能力动态评价[J]. 长江流域资源与环境，(2)：39.
袁旭梅．2001. 协调发展指标体系与模糊分级评价方法研究[J]. 统计与决策，(11)：88-96.
袁旭梅，韩文秀．1998. 复合系统的协调与可持续发展[J]. 中国人口·资源与环境，8(2)：52-56.
岳东霞，巩杰，熊友才，等．2010. 民勤县生态承载力动态趋势与驱动力分析[J]. 干旱区资源与环境，(6)：66-75.
约翰·狄克逊. 1990. 开发项目环境影响的经济分析[M]. 夏光等译．北京：中国环境科学出版社：563-571.
曾福生，吴雄周．2011. 城乡发展协调度动态评价——以湖南省为例[J]. 农业技术经济，(1)：89-93.
曾嵘，魏一鸣，范英．2000. 北京市人口、资源、环境与经济协调发展分析与标体系[J]. 中国管理科学，(11)：311-388.
张帆．1998. 环境与自然资源经济学[M]. 上海：上海人民出版社：208-237.
张红红，姜琦刚，林楠．2010. 基于 DPSIR 框架模型解决松辽平原黑土区生态环境问题初探[J]. 吉林地质，(2)：130-133.
张鸿龄，孙丽娜，孙铁珩．2012. 矿山废弃地生态修复过程中基质改良与植被重建研究进展[J]. 生态学杂志．(2)：65-74.
张继权．2011. 基于 DPSIR 的吉林省白山市生态安全评价[J]. 应用生态学报，(1)：189-195.
张洁，周杜辉．2011. 流域人地关系地域系统研究进展[J]. 干旱区地理研究，(2)：21-23.
张坤明．1997. 可持续发展论．北京：中国环境科学出版社：378-396.
张晓东，朱德海．2003. 中国区域经济与环境协调度预测分析[J]. 资源科学，(2)：2-7.
张效莉，黄硕琳．2008. 人口、经济发展与生态环境协调性测度原理及应用[M]. 北京：中国环境科学出版社：409-426.
张效莉，王成璋，王野．2006. 人口、经济发展与生态环境系统协调性测度研究：以新疆为例[J]. 生态经济，(11)：123-126，132.
张学勤，陈成忠，林振山．2010. 中国生态足迹的多尺度变化及驱动因素分析[J]. 资源科学，(10)：129-137.
张正勇，刘琳，唐湘玲，等．2011. 城市人居环境与经济发展协调度评价研究——以乌鲁木齐市为例[J]. 干旱区资源与环境，(7)：130-138.
赵文亮，陈文峰，孟德友．2011. 中原经济区经济发展水平综合评价及时空格局演变[J]. 经济地理，(10)：

235-241.

赵晓英，陈怀顺，孙成权，等．2001. 恢复生态学——生态恢复的原理与方法[M]. 北京：中国环境科学出版社：237-241.

周建平，杜婵英，漆安慎，等．1993. 浙江开化华阜地区工业-环境系统的协调发展[J]. 北京师范大学学报（自然科学版），(3)：343-347.

中国科学院黄土高原综合科学考察队．1992. 黄土高原地区资源环境社会经济数据集[M]. 北京：中国经济出版社：431-442.

钟世坚．2013. 区域资源环境与经济协调发展研究[D]. 长春：吉林大学博士学位论文．

Adriaanse A. 1993. Environmental policy performance indicators: A study on the development of indicators for environmental policy in the Netherlands[M]. The Hague: Uitgeverij: 560-571.

Amajirionwu M, Connaughton N, McCann B P, et al. 2008. Indicators for managing biosolids in Ireland. Journal of Environmental Management, assessment[J]. Economics, 88(4): 1361-1372.

Aubry A, Elliott M. 2006. The use of environmental integrative indicators to assess seabed disturbance in estuaries and coasts: Application to the Humber Estuary[J]. Marine Pollution Bulletin, 53: 175-185.

Beckerman W. 1974. In Defense of Economic Growth[M]. London: Jonathan Cape Ltd: 57-58.

Borja A, Galparsoro I, Solaun O, et al. 2006. The European Water Framework Directive and the DPSIR, a methodological approach to assess the risk of failing to achieve good ecological status[J]. Estuarine, Coastal and Shelf Science, 66: 84-96.

Boulding K E. 1996. The Economics of the Coming Spaceship Earth. -From Environmental Quality in a Growing Economy[J]. The Johns Hopkins Press , 498-502.

Bouma J, Droogers P. 2007. Translating soil science into environmental policy: A case study on implementing the EU soil protection strategy in The Netherlands[J]. Environmental Science & Policy, 10(5): 454-463.

Bowen R E, Riley C. 2003. Socio-economic indicators and integrated coastal management[J]. Ocean & Coastal Management, 46: 299-312.

Cairns J J. 1995. Encyclopedia of Enviromental Biology [J]. Restoration Ecology, 4(3): 223-235.

Deserpa A C 1993. Pigou and coase in perspective [J]. Cambridge Joural of Economics, 3(17): 27-50.

Daly H E. 2012. For the Common Good: Redirecting the Economy Toward Community, the Environment, and A Sustainable Future[M]. Boston: Beacon Press: 487-499.

EEA. 2005. European Environmental Outlook [M]. Copenhagen: European Commission Press.

EEA. 1995. Europe's Environment: the Dobris Assessment [M]. Copenhagen: European Commission press.

Elliott M. 2002. The role of the DPSIR approach and conceptual models in marine environmental management: an example for offshore wind power [J]. Marine Pollution Bulletin ,44(6): iii-vii.

Farrington J H, Kuhlman T, Rothman D S, et al, 2008. Reflections on social and economic indicators for land use change[J]. Sustainability Impact Assessment of Land Use Changes, (9): 325-347.

Georgescu-Roegen N. 1999. The Entropy law and the Economic Process[M]. Cambridge Mass: Universe Press: 458-478.

Giupponi C, Vladimirova I. 2006. Ag-PIE: A GIS-based screening model for assessing agricultural pressures and impacts on water quality on a European scale[J]. Science of The Total Environment, 359: 57-75.

Giupponi C, Mysiak J, Fassio A, et al. 2004. MULINO-DSS: a computer tool for sustainable use of water resources at the catchment scale[J]. Mathematics and Computers in Simulation, 64(1): 13-24.

Gobin A, Jones R, Campling p, et al. 2004. Indicators for pan-European assessment and monitoring of soil erosion by water[J]. Environmental Science & Policy, 7(1): 25-38.

Gold Smith E. 1972. Blueprint for Survival[J]. The Ecologist, (2): 1-50.

Haberl H, Gaube V, Delgado R D, et al. 2009. Towards an integrated model of socioeconomic biodiversity drivers, pressures and impacts. A feasibility study based on three European long-term socio-ecological research platforms[J]. Ecological Economics, 68(6): 1797-1812.

Hobbs R J, Norton D A. 1996. Towards a conceptual framework for restoration ecology [J]. Restoration ecology, 4(2):93-110.

Hansen B, Alre H F, Kristensen E S, 2001. Approaches to assess the environmental impact of organic farming with particular regard to Denmark. Agriculture[J]. Ecosystems & Environment, 83: 11-26.

Jago-on K A B, Kaneko S, Fujikura R, et al. 2009. Urbanization and subsurface environmental issues: An attempt at DPSIR model application in Asian cities[J]. Science of The Total Environment, 407(9): 3089-3104.

Jordan W R. 1995. "Sunflower Forest": ecological restoration as the basis for a new environmental paradigm [M]. Minneapolis: University of Minnesota Press: 17-34.

Konstantions B, Nijkamp P. 1996. Environmental Economic Modeling with Semantic insufficiency and Factual Uncertainty[J]. Environmental System ,(2): 35-42.

Kulig A, Kolfoort H, Hoekstra R. 2010. The case for the hybrid capital approach for the measurement of the welfare and sustainability[J]. Ecological Indicators, 10(2): 118-128.

Langmead O, McQuatters-Gomop A, Laurence D M, et al. 2009. Recovery or decline of the northwestern Black Sea: A societal choice revealed by socio-ecological modelling[J]. Ecological Modelling, 220(21): 2927-2939.

Leontief W. 1970. Environmental Repercussions to the Economic Structure; An Input-Output Approach [J]. The Review of Economics and Statistics,(32): 262-271.

Leontief W, Daniel F. 1972. Air Pollution and the Economic Structure: Empirical Results of Input-Output Computation // Leontief W. Input-Output Economics[A]. Oxford: Oxford University Press: 987-995.

Lutz W,Scherbov S. 2000. Quantifying vicious circle dynamics:The PEDA model for population, environment, development and agriculture in African countries[J]. Optimization, Dynamics, and Economic Analysis: 311-322.

Pasche M. 2002. Technical progress, structural change, and the environmental Kuznets curve [J]. Ecological Economics, (42): 381-389.

Maxim L. 2009. Driving Forces of chemicals risks for the European biodiversity[J]. Ecological Economics, 69(1):43-54.

Maxim L, Spangenberg J H, O'Connor M. 2009. An analysis of risks for biodiversity under the DPSIR framework[J]. Ecological Economics, 69(1): 12-23.

Mishan E J. 1967. The Cost of Economic Growth[M]. London: Staples Press: 687-679.

Mysiak J, Giupponi C, Rosato P. 2005. Towards the development of a decision support system for water resource management[J]. Environmental Modeling & Software, 20(2): 203-214.

Maestre F T, Puche M. D. 2009. Indies based on surface indicators predict soil functioning in Mediterranean semi-arid steppes[J]. Applied Soil Ecology, 41(3): 342-350.

Nations U. 1999. Work Programme on Indicators of Sustainable Development of the Commission on Sustainable Development[R]. Division for Sustainable Development, UN Development of Ecnomic and Social Affairs, Editor. : New York.

Nations U. 1996. Indicators of sustainable development[R]. New York: Division for Sustainable Development.

Ness B, Anderberg S, Olsson L. 2010. Structuring problems in sustainability science: The multi-level DPSIR framework[J]. Geoforum, 41(3): 479-488.

Ness G D. 1996. Population and the Environment: Framework for analysis[A]. The Environment and Natural Resources Policy and Training Project: 780-799.

Nilsson M, Wiklund H, Finnveden G, et al. 2009. Analytic framework and tool kit for SEA follow-up[J]. Environmental Impact Assessment Review, 29(3): 186-199.

Norgaard R B. 1990. Economic indicators of resources scarcity: a critical essay[J]. Journal of Environmental Economics and Management, (19): 19-25.

OECD. 1993. OECD core set of indicators for environmental performance reviews: A Synthesis Report by the Group on the State of the Environment (Environment Monograph 83) [M]. Washington: OECD Publications and Information Centre: 489-490.

OECD. 1991. Environmental Indicators : Preliminary Set [M]. Washington: OECD Publications and Information Centre: 589-593.

Pearce D, Kerry T R, et al. 1990. Economics of Natural Resources and the Environment[M]. New York: Harvester Wreathes: 215-289.

Potschin M. 2009. Land use and the state of the natural environment[J]. Land Use Policy, 26(1): S170-S177.

Rapport D, Friend A. 1979. Towards a Comprehensive Framework for Environmental Statistics: a Stress-response Approach[M]. Ottawa: Statistics Canada Catalogue: 11-510.

Roura-Pascual N, Richardson D M, Krug D M, et al. 2009. Ecology and management of alien plant invasions in South African fynbos: Accommodating key complexities in objective decision making[J]. Biological Conservation, 142(8): 1595-1604.

Schumacher E F. 1973. Small is Beautiful: A Study of Economics as if People Mattered[M]. London: Blond Briggs: 147-153.

Spangenberg J H, O'Connor M. 2009. The DPSIR scheme for analyzing biodiversity loss and developing preservation strategies[J]. Ecological Economics, 69(1): 9-11.

Wackernagel M. 1999. Way sustainability analyses Must include biophysical assessment[J]. Economics, (29): 13-15.

Wackernagel M, Onistol L, Bello P, et al. 1999. National natural capital accounting with the ecological footprint concept[J]. Ecological Economics, (29): 75-390.

Wallace K J. 2007. Classification of ecosystem services: Problems and solutions[J]. Biological Conservation, 139(3-4): 235-246.

Yin Runsheng, Yin Guiping, Li Lanying. 2010. Assessing China's ecological restoration programs: What's been done and what remains to be done[J]. Environmental Management, 45(3): 442-453.

Zalidis G C, Tsiafouli M, Takavakoglou V, et al. 2004. Selecting agri-environmental indicators to facilitate monitoring and assessment of EU agri-environmental measures effectiveness[J]. Journal of Environmental Management, 70(4): 315-321.